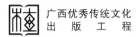

广西优秀传统文化
出版工程

"自然广西"丛书

水中精灵

磨金梅 施军 著

微信 / 抖音扫码

广西科学技术出版社

·南宁·

图书在版编目（CIP）数据

水中精灵 / 磨金梅，施军著 .—南宁：广西科学技术出版社，2023.9
（"自然广西"丛书）
ISBN 978-7-5551-1974-6

Ⅰ.①水…　Ⅱ.①磨…　②施…　Ⅲ.①淡水生物—介绍—广西　Ⅳ.①Q178.51

中国国家版本馆 CIP 数据核字（2023）第 170975 号

SHUIZHONG JINGLING

水中精灵

磨金梅　施　军　著

出 版 人：梁　志	**装帧设计**：韦娇林　陈　凌
项目统筹：罗煜涛	**美术编辑**：梁　良
项目协调：何杏华	**责任校对**：吴书丽
责任编辑：张　珂	**责任印制**：韦文印

出版发行：广西科学技术出版社
社　　　址：广西南宁市东葛路 66 号
邮政编码：530023
网　　　址：http：//www.gxkjs.com
印　　　制：广西民族印刷包装集团有限公司

开　　本：889 mm×1240 mm　1/32
印　　张：6
字　　数：130 千字
版　　次：2023 年 9 月第 1 版
印　　次：2023 年 9 月第 1 次印刷
书　　号：ISBN 978-7-5551-1974-6
定　　价：36.00 元

总序

　　江河奔腾，青山叠翠，自然生态系统是万物赖以生存的家园。走向生态文明新时代，建设美丽中国，是实现中华民族伟大复兴中国梦的重要内容。

　　进入新时代，生态文明建设在党和国家事业发展全局中具有重要地位。党的二十大报告提出"推动绿色发展，促进人与自然和谐共生"。2023年7月，习近平总书记在全国生态环境保护大会上发表重要讲话，强调"把建设美丽中国摆在强国建设、民族复兴的突出位置"，"以高品质生态环境支撑高质量发展，加快推进人与自然和谐共生的现代化"，为进一步加强生态环境保护、推进生态文明建设提供了方向指引。

　　美丽宜居的生态环境是广西的"绿色名片"。广西地处祖国南疆，西北起于云贵高原的边缘，东北始于逶迤的五岭，向南直抵碧海银沙的北部湾。高山、丘陵、盆地、平原、江流、湖泊、海滨、岛屿等复杂的地貌和亚热带季风气候，造就了生物多样性特征明显的自然生态。山川秀丽，河溪俊美，生态多样，环境优良，物种丰富，广西在中国乃至世界的生态资源保护和生态文明建设中都起到举足轻重的作用。习近平总书记高度重视广西生态文明建设，称赞"广西生态优势金不换"，强调要守护好八桂大地的山水之美，在推动绿色发展上实现更大进展，为谱写人与自然和谐共生的中国式现代化广西篇章提供了科学指引。

生态安全是国家安全的重要组成部分，是经济社会持续健康发展的重要保障，是人类生存发展的基本条件。广西是我国南方重要生态屏障，承担着维护生态安全的重大职责。长期以来，广西厚植生态环境优势，把科学发展理念贯穿生态文明强区建设全过程。为贯彻落实党的二十大精神和习近平生态文明思想，广西壮族自治区党委宣传部指导策划，广西出版传媒集团组织广西科学技术出版社的编创团队出版"自然广西"丛书，系统梳理广西的自然资源，立体展现广西生态之美，充分彰显广西生态文明建设成就。该丛书被列入广西优秀传统文化出版工程，包括"山水""动物""植物"3个系列共16个分册，"山水"系列介绍山脉、水系、海洋、岩溶、奇石、矿产，"动物"系列介绍鸟类、兽类、昆虫、水生动物、远古动物、史前人类，"植物"系列介绍野生植物、古树名木、农业生态、远古植物。丛书以大量的科技文献资料和科学家多年的调查研究成果为基础，通过自然科学专家、优秀科普作家合作编撰，融合地质学、地貌学、海洋学、气候学、生物学、地理学、环境科学、历史学、考古学、人类学等诸多学科内容，以简洁而富有张力的文字、唯美的生态摄影作品、精致的科普手绘图等，全面系统介绍广西丰富多彩的自然资源，生动解读人与自然和谐共生的广西生态画卷，为建设新时代壮美广西提供文化支撑。

八桂大地，远山如黛，绿树葱茏，万物生机盎然，山水秀甲天下。这是广西自然生态环境的鲜明底色，让底色更鲜明是时代赋予我们的责任和使命。

推动提升公民科学素养，传承生态文明，是出版人的拳拳初心。党的二十大报告提出，"加强国家科普能力建设，深化全民阅读活动"，"推进文化自信自强，铸就社会主义文化新辉煌"。"自然广西"丛书集科学性、趣味性、可读性于一体，在全面梳理广西丰富多彩的自然资源的同时，致力传播生态文明理念，普及科学知识，进一步增强读者的生态文明意识。丛书的出版，生动立体呈现八桂大地壮美的山山水水、丰盈的生态资源和厚重的历史底蕴，引领世人发现广西自然之美；促使读者了解广西的自然生态，增强全民自然科学素养，以科学的观念和方法与大自然和谐相处；助力广西守好生态底色，走可持续发展之路，让广西的秀丽山水成为人们向往的"诗和远方"；以书为媒，推动生态文化交流，为谱写人与自然和谐共生的中国式现代化广西篇章贡献出版力量。

"自然广西"丛书，凝聚愿景再出发。新征程上，朝着生态文明建设目标，我们满怀信心、砥砺奋进。

探访水中生物

解锁自然神奇

遨游八桂
水之秘境

微信/抖音扫码

深度解读广西 爱上八桂大地

壮美广西

热爱

探访
水中世界
了解水生动物 拓宽知识领域

辨别
水生生物
讲解水中生态 走进缤纷水中世界

目录

综述：探访水中精灵，
　　解锁自然神奇

　　青山座座翠如屏，绿水潺潺入幽境。地处祖国南疆的广西，陆地总面积仅约占全国总面积的 2.5%，森林面积 1486.8 万公顷，森林覆盖率为 62.56%，位居全国第三。走进广西，宛如走进一座广袤无垠的绿色宝库，林木葳蕤，溪流淙淙，植被生态质量和森林生态改善程度均居全国第一。

　　广西山奇水秀，桂林漓江闻名遐迩，乐业天坑群规模居世界之首，蜿蜒流淌的盘阳河滋养了长寿之乡巴马……900 多年前的北宋，文学家苏东坡途经梧州时，在浔江、桂江交汇处，就留下千古名句："吾爱清流频击楫，鸳鸯秀水世无双。"

　　水是山之魂，林是水之源。广西气候湿热，雨量丰沛，加上广袤森林的涵养，孕育了纵横交错、水量丰沛的河流湖泊。据统计，广西共有 18900 多条河流，按水流方向划分为珠江流域、长江流域、桂南独流入海诸河、红河流域四大流域六大水系。其中被誉为八桂儿女"母亲河"的西江水系，大大小小的支流犹如从粗壮的大树主干分生出的枝丫，遍及广西陆地总面积的 86%。

奔流不息的大小河流宛如一条条血脉贯穿八桂大地，养育着5700多万各族儿女，也孕育了种类繁多的淡水生物。如清代《梧州府志》中记载大可达数百斤（市制重量单位，1斤=500克）的鲟（xún）鳇（huáng）鱼、被陆封（海洋动物因为自然或人为的生态隔离而滞留在内陆水域中生长、繁殖的现象）在广西的我国唯一淡水软骨鱼赤魟（hóng）、"长江三鲜"之首的鲥（shí）、会像婴儿一样发出哇哇叫声的两栖动物娃娃鱼，还有久负盛名的金钱龟、能产天然珍珠的佛耳丽蚌（bàng）……这些数不胜数的水中精灵是大自然赐予广西的瑰宝，在全国水生物种种群中占据重要地位，让广西成为淡水生物多样性最为丰富的地区之一。各具特色、数不胜数的水中精灵在广西这片美丽的土地上繁衍生息，谱写人与自然和谐共处的美妙乐章。

广西鱼类种质资源十分丰富，且珍稀野生淡水鱼种类繁多。清雍正三年（1725年）《灵川县志》卷三物产篇介绍了当地鱼类资源："鳞介之属——鲤、鲫（jì）、青、贵、白、斑、骨、黄尾、鲢（lián）、鳅（qiū）、金、白鳝、银、铁鱼等。"

1936年重修的《象州县志》记载了鲟鱼："大河小河所，名目繁多，大概与他处相同，惟昔夏日涨水，常有鲟鳇鱼发现，堪称特产，每尾大者三数百斤……"

《本草纲目》载："竹鱼出桂林湘漓诸江中，状如青鱼，大而少骨刺，色如竹，青翠可爱，鳞下间以朱点，味如鳜（guì）鱼，肉为广南珍品。"

宋代《太平寰宇记》云："隐山，在桂林城西三里……其水泼墨，中有巨鱼可三四尺，镂鳞铲甲，朱须赪（chēng）尾，人或见者龙以敬之。"

　　江河奔腾，山环水绕，星罗棋布的湖泊水库宛如大自然的宝石，镶嵌在广西逶迤连绵的山川河谷之间。在地表之下，600多条总长1万多千米的地下河犹如大自然隐形的手，在广西的山岭间雕凿出许多令人惊叹的岩溶洞穴，如桂林芦笛岩、七星岩，武鸣伊岭岩，巴马"水晶宫"等。"西来第一，无以易比。"早在1637年，徐霞客到百感岩（位于今崇左市天等县向都镇）时，就夸赞百感洞雄邃宏丽、曲折窈窕、杳渺幽闭。

　　大自然的鬼斧神工造就的岩溶洞穴，有的被开发成为令人流连忘返的旅游胜地，有的成为人们寻幽探秘的好地方，还有许多隐秘在山水间不为人知。很多时候，我们关注的只是洞里的风景，但科研人员却在这些洞穴里探寻到了独特的生命气息，洞里栖息着神秘的精灵——洞穴鱼类。

　　我国是世界上典型洞穴鱼类物种数量最多的国家，其中近三分之二的种类分布在西江流域广西段。据《西江》记载，西江流域内共栖息有369种鱼类，隶属11目34科，而最具特色的当属喀斯特地区的洞穴鱼类。这些洞穴鱼类共有61种，隶属2目4科11属，如身带金线的桂林波罗鱼、吻部突出像鸭嘴的金线鲃（bā）、下唇像弯弯月牙的长须异华鲮（líng）……这些洞穴鱼类常年生活在没有阳光的地下河，体表色素退化，变得通体透明。它们犹如隐士一般，难得一见，甚至有些被发现后就再难觅踪影，如后背修仁鿏（yāng）便是如此，着实令人叹息。

　　栖息在西江流域的 60 余种洞穴鱼类中，有 20 多种为盲鱼。不用则废，常年生活在黑暗洞穴中的盲鱼的视觉已经退化，但触须的触觉却十分灵敏，可以感知周围的细微变化。这些触须相当于盲鱼的眼睛，帮助它们觅食和逃避敌害。

　　但是随着人类活动范围的不断扩大，一些地下暗河遭到了污染，一些洞穴因为旅游业发展而被过度开发，导致洞穴鱼类生活的空间越来越狭窄，很多洞穴鱼类处于濒危状态。2008 年，经广西壮族自治区人民政府批准，我国首个以洞穴鱼类为主要保护对象的自然保护区——广西凌云洞穴珍稀鱼类自治区级自然保护区成立。此后，驯乐水源林保护区、广西雅长自然保护区等专门保护洞穴水生动物的保护区陆续成立。驯乐金线鲃、小眼金线鲃、凌云盲米虾等一大批珍稀洞穴水生动物得到有效保护。

　　除了只生活在水中的鱼类，广西淡水生物还有相当一部分是两栖爬行动物，它们离不开水，但又喜欢生活在草木丰茂的陆地上，如丛林精灵平胸龟和地龟、喜欢晒背的黄沙鳖。长着四条腿和长尾巴的瘰（luǒ）螈（yuán），也喜欢选择山丘上溪流岸边的草木之下作为自己的领地。

　　外来生物也是广西淡水生物的重要组成部分，它们有的为广西的经济发展做出了重要贡献，如小龙虾、牛蛙、罗非鱼。从养殖场到人们的餐桌，它们不仅解决了许多人的就业问题，为人们带来了可观的经济收益，还带来了美味佳肴。但也有一些外来物种因为人为放生、在运输过程或从养殖场逃逸等，已经在野外水域建立起一定数量的种群，对本地水生物种、自然生态环境都造成了一定程度的侵害，如齐氏罗非鱼、食蚊鱼、豹纹翼甲鲶（nián）等。我们要认清这些外来入侵物种的真面目，并采取科学手段阻止它们野蛮生长。

　　大自然是一部浩瀚精彩的图书，让我们走进可爱广西，探访水中精灵，解锁自然神奇。

淡水鱼类

　　淡水鱼生活在江河、湖泊、水库、池塘、溪流中，种类繁多，其中不少有较高的观赏价值和经济价值。大多数淡水鱼终生生活在淡水中，称为纯淡水鱼类，少数淡水鱼种类会游入海中生活一段时间，如中华鲟、香鱼等，称为洄游鱼类。

微信 / 抖音扫码

丰富多样的淡水鱼类

广西气候炎热，充沛的雨量丰盈了众多江河，加上岩溶地区分布广泛的地下河流日夜奔流不息，为各种鱼类繁衍生息创造了良好的自然环境，鱼类多样性极其丰富。

丰富的淡水资源孕育了丰富的鱼类资源，目前已知分布于广西的淡水鱼类及河口鱼类约 400 种，其中外来鱼类约 60 种。这些种类繁多的鱼有的是重要的捕捞对象，如青鱼、草鱼、鲢、鳙（yōng）、赤眼鳟（zūn）、鳡（gǎn）、倒刺鲃、光倒刺鲃、鲫、鲮、鲇、黄颡（sǎng）鱼、大眼鳜等，它们是人们餐桌上常见的佳肴；而一些身材娇小、体形特异或者色彩斑斓的鱼类则具有很高的观赏价值，如马口鱼、唐鱼、鳅科及平鳍鳅科鱼类，深受人们的喜爱。

目前广西发现江海洄（huí）游（yóu）［海洋中一些动物（主要是鱼类）因为产卵、觅食或受季节变化的影响，沿着一定路线有规律地往返迁移］鱼类 20 种，最具代表性的有中华鲟、鲥、赤魟、花鳗（mán）鲡（lí）等。其中，赤魟是我国仅有的内陆淡水水域中的软骨鱼类。近年广西水产科学研究院在进行内陆江河渔业资源调查时发现，赤魟、七丝鲚（jì）、白肌银鱼、间下鱵（zhēn）

已经完全适应内陆江河的栖息环境，不需洄游入海而完全陆封在一些江段内自然繁衍。

广西境内的西江水系是珠江流域鱼类产卵场及早期鱼类资源最丰富的地区，《广西壮族自治区内陆水域渔业自然资源调查研究报告》显示，20 世纪 80 年代广西西江干流及主要支流有记录的各种鱼类产卵场达 70 处之多，其中桂平东塔鱼类产卵场是珠江水系第一大鱼类产卵场，全国第二大江河鱼类产卵场。在 2021 年颁布的《国家重点保护野生动物名录》中，广西有分布的淡水鱼类有 46 种，其中中华鲟、鲥为国家一级重点保护野生动物，赤魟（陆封种群）、花鳗鲡、唐鱼、乌原鲤、单纹似鳡、金线鲃属鱼类等为国家二级重点保护野生动物。

桂平三江口、黔江、郁江、浔江交汇处的东塔鱼类产卵场曾是广西最大规模的鱼类产卵场（施军　摄）

四大家鱼：重要经济鱼类，养殖历史悠久

　　鱼类味道鲜美，营养丰富，常被人们制成餐桌上的美味佳肴。清蒸、煮汤、红烧、香煎……鱼的做法五花八门，每一道菜都让吃货们欲罢不能。

　　可是，常吃的四大家鱼是哪几种？它们又有什么样的由来？

四大家鱼的由来

　　唐代之前，人们养鱼以鲤鱼为主。到了唐代，因为皇帝姓李，李与"鲤"同音，故"鲤"象征尊贵的皇族，鲤鱼不许捕也不能卖，违者将要受罚。法令一出，渔人们傻眼了。皇上的话不敢不听，可生计没了，总不能等着饿死吧？得另外寻找出路才行。

　　俗话说"天无绝人之路"，聪明的人们经过一番寻找和比较，很快发现青鱼、草鱼、鲢、鳙这四种鱼，有的浮游在水的中上层，有的喜欢栖息在水的中下层，有的爱吃肉，有的爱吃草，还有的吃浮游生物，有的活泼好动，有的温和懒散。把它们混养在同一片水域里它们可以各取所需，不会争抢打架，而且这几种鱼生长快，

又不需要人工精心养护,真是太好了!

于是,之前主要养殖鲤鱼的人们开始改养青鱼、草鱼、鲢、鳙,事实证明这样做的效益还挺不错。这四种鱼的混养模式一直延续下来,发展成了我国淡水养殖的主要对象,称"四大家鱼"。

广西山清水秀,江河湖泊众多,古代生活在这里的人们就已经懂得利用水资源发展渔业了。

据《广西农业志水产资料长编》记载,广西在春秋战国时期属楚国荆州南徼地或百越的一部分,当时的劳动人民稻饭羹鱼,食鱼的来源主要是江河捕捞,但是已经开始养鱼了。秦汉时期,由于灵渠的开凿,中原地区和长江流域先进的渔业生产技术相继传入广西。到三国时期,三江、融水、全州、兴安、灌阳、富川等地的稻田养鱼已经发展起来。

桂北地区的稻田养鱼

据历史资料记载，自宋代起，广西的鱼苗主要产自西江，装捞鱼苗的主要江段有浔江、郁江及其 20 多条支流。1959 年南宁水产养殖实验场开始进行家鱼人工繁殖试验，1960 年获得成功后在广西推广。

青鱼：爱吃螺、蚬，好吃懒动长得快

青鱼跟草鱼长相相近，都是身体修长，前部扁圆形，尾部侧扁。但是青鱼的吻端比草鱼的要突出一些，尾部比草鱼的稍为细长，全身的圆形鳞片和鱼鳍都带灰黑色，比草鱼的颜色要深，因此又称"黑鲩（huàn）"。

青鱼没有其他亲戚，本属只有一种，主要分布在我国长江以南的平原地区，广西分布于西江水系，西江干流红水河及支流郁江是全国青鱼鱼苗的主产地。

青鱼看似温和老实的外表下其实藏着一颗饕餮的心。虽然青鱼长相秀气，但可别被它的外表欺骗了。青鱼不爱动，喜欢安静地待在水域的中下层，不是斯文而

青鱼（施军 摄）

是懒。它长有坚硬的下咽齿，喜欢吃带壳的底栖生物。一旦青鱼发现正在水底悠闲躺着的螺蛳、蚌、蚬等，就迅速出击，一口一个，像嗑瓜子一样，嘎嘣嘎嘣地就把壳咬碎吐出来，把肉吞下去了。有时候青鱼也吃点小鱼、小虾和水生昆虫。

青鱼喜欢吃肉但又不喜欢活动，因此很快就长得肉嘟嘟的，最大能长到1米多长50多千克重。当然，能长到那么大的青鱼大都是生活在大江大河里的，人工养殖的青鱼长到1千克以上时，就会被捕捞上市出售了。青鱼个头大力气也很大，在野外垂钓时钓到了它，可千万要小心哦！它会拼命挣扎，连着钓线像拔河一样跟人较劲，不留神的话人会被它拉进水里，那可就危险了。

青鱼因为生长迅速，个大味美，肉质爽脆，很受消费者欢迎，位列四大家鱼之首。西江流域的居民尤喜食用，例如梧州特色菜——姜葱脆肉皖，皮酥肉嫩，甜中带咸，葱香四溢，味道鲜美，深受人们的喜爱。

姜葱脆肉皖

草鱼：喜欢吃水草，饲养较简单

草鱼，顾名思义，是喜欢吃草的鱼。草鱼鱼苗期吃幼虫和藻类，渐渐长大食性转化后以吃水草为主，偶尔也会吃蚯蚓、蜻蜓等荤腥。草鱼本属也只有孤单单的一种，鲜活时身体是黄绿色的，背部茶褐色，腹部则是灰白色，鳞片比较大而圆，吻短而宽钝，没有须。

据《岭表录异》记载，广西草鱼养殖始于唐代，首先在梧州、苍梧、藤县、平南、桂平等沿江各地发展起来。历史上，红水河中下游是草鱼亲鱼的主要采集地。

另据《广西农业志水产资料长编》记载，1964年5月，广西水产研究所（现广西水产科学研究院）的工作人员与荔浦鱼种场的工作人员一起在荔浦人工催产草鱼，成功获得10万尾鱼苗，由此展开广西草鱼人工繁

草鱼（施军 摄）

殖新篇章。1965 年 5 月，广西壮族自治区农业厅（现广西壮族自治区农业农村厅）、广西科学技术协会在荔浦县召开草鱼人工繁殖经验交流会，此后，草鱼人工繁殖在广西逐步推广。

　　人们很喜欢养殖草鱼。除南宁、贵港、梧州、玉林等地广泛养殖外，广西养殖草鱼历史悠久的还有桂北山区稻田养殖，上思、浦北小窝流水养殖。

　　长相与青鱼相似的草鱼，性情却截然相反，常常成群结队，在水域中下层靠近岸边水草多的地方觅食嬉戏，时不时还来个游泳比赛，看看谁游得比较快。

　　因为主食是草，且平时游动多又消耗了部分能量，所以草鱼生长速度稍微慢一点，养殖 3 年以上才能达到上市的重量，其个头最大能长到 70 千克左右。草鱼符合现代人的消费需求，人们以草鱼为食材，制作了许多可口的菜肴，如以草鱼为主要食材制作而成的酸菜鱼，汤鲜肉嫩，酸辣爽口。

酸菜鱼

鲢：喜食浮游植物，小刺多味较腥

鲢又名"白鲢"。它的嘴巴比较大，下颌稍微向上翘，身体和腹部都是侧扁，尾鳍分叉较深。鲢的鳞片细小，体背侧和各鳍稍显灰色，但腹部是银白色的，甚是显眼。

幼时的鲢主要吃浮游动物，逐渐长大后改吃藻类等浮游生物，因此它喜欢生活在水域的中上层。鲢性情活泼、喜欢跳跃。人们喜欢在饲养其他种类的鱼时混养少量的鲢，除了可以充分利用水层，还能通过它的食性净化水质，因为鲢能吃掉让人头疼的蓝藻，可谓一举两得。

别看鲢的食物微小得都不够塞牙缝，这可丝毫不影响它的生长，饲养 2 年就可以上市销售啦！而且市场上 10 多千克的鲢也很常见，最大能长到 40 多千克呢！

鲢（施军 摄）

鲢肉腥味比较重，而且小刺多，吃的时候需要格外小心。因此人们平时不太喜欢买鲢，它的价格也是四大家鱼中最便宜的。

鳙：俗称"大头鱼"，性温和行动慢

鳙，可能很多人不知为何物，不过一说起剁椒鱼头，相信很多吃货们会眼前一亮，那可是人间美味呀！是的，鳙就是人们俗称的"大头鱼"，它的头长约占到整个身体的三分之一，胖乎乎的头常被烹制成诱人的菜肴，如鳙鱼头烹制的剁椒鱼头是一道经典菜式，火辣辣的剁椒覆盖在白嫩的鱼头上，冒着热腾腾的香气，让人直流口水。

鳙身体侧扁而厚，体侧上半部灰黑色，分布有许多不规则的黑色斑块，就像是画师别出心裁地在一块底布上，用水墨晕出朵朵别致的花，银白色的腹部上鳞片又细又小，因外观酷似莲花，又名"花鲢"。鳙性情温和，

鳙（施军 摄）

行动迟缓，看起来憨态可掬。它喜欢栖息在江河湖泊、水库的中上层，爱吃水蚤等浮游动物，有时也吃浮游植物，大者可长到 35 ～ 40 千克。

剁椒鱼头

鳙饲养 2 年就可以捕捞上市了，目前是一些大型水库生态放养或生态网箱养殖的主要品种。

青鱼、草鱼、鲢、鳙这四大家鱼在我国淡水鱼类养殖中占据重要地位，既丰富了我国人民的餐桌，又为经济发展做出了贡献。为保护好我国经济物种的种质资源，青鱼、草鱼、鲢、鳙均被列入《国家重点保护经济水生动植物资源名录（第一批）》。

赤魟：西江唯一淡水软骨鱼

赤魟是怎么由海洋鱼类变成广西独有的淡水软骨鱼的？它们的母子情深会引发怎样令人动容的故事？

赤魟（施军 摄）

被"封印"在西江的海鱼

在广西清澈激流形成的江段深潭里，生活着一种喜欢在夜间活动的奇怪鱼类——"龙州鲋（bū）鱼"。这种鱼身体扁平，体盘背面赤褐色，边缘浅黄色，带刺的尾巴又细又长像鞭子一样。这种鱼外形像草帽，因此又称"草帽鱼"，也叫"葵扇鱼"，学名赤魟。

"你确定没有讲错？赤魟我可知道，它不是生活在海洋里的吗？我们经常能在海鲜市场上看到呢，什么时候跑到广西的深潭里去了？"

是的，赤魟分布于大西洋、印度洋和太平洋各海域，我国的东海、南海等及其沿海地区也都有赤魟的身影，但是今天我们要讲的赤魟不是那种常见的海洋鱼类，而是陆封后只生活在广西江河里的特有的内陆淡水软骨鱼，它是广西重点保护野生动物。

赤魟为什么从海洋鱼类变成广西淡水鱼了呢？这得从白垩纪说起。那时候赤魟已经生活在地球上了，当时的广西大部分地区也已经形成陆地。到了古近纪后期，地壳运动使桂南地区的陆地频繁升降，北部湾海水不时沿着指状海湾或河口局部侵入南宁一带。到了晚新生代，随着地壳上升，海水逐渐退出，南宁、龙州地区一带形成现在的左江、邕江，而之前随着海水游到左江的赤魟，有一些没来得及随海水撤走。随着古地理环境的改变，它们逐渐适应新环境，在淡水环境中生存下来。学会随机应变，这就是生活的智慧！

曾经有人怀疑广西的赤魟是从大海溯西江而来的洄游性鱼类，但是武汉大学生物系以及广西的一些学者研究发现，赤魟在广西明江的宁明，左江的龙州、崇左一带分布比较集中，赤魟一生都在同一个江段生活，而且从小鱼一直到长成大鱼，并不像有些鱼类那样会洄游到大海。从珠江海口到达左江上游的龙州要上溯1500多千米，赤魟喜欢安静，游泳能力又不强，就它那小身板要长途跋涉那么远，想想都觉得不可思议。因此认定赤魟是陆封在广西的，是我国唯一在淡水里生活的软骨鱼类。

　　据广西水产科学研究院科研人员最新调查发现，赤
魟近几十年在广西的西江、浔江、郁江、左江、柳江均
有分布。历史上赤魟在西江广西境内的洄游路线有 2 条，
一条是珠江—西江—浔江—黔江—柳江，另一条是珠江—
西江—浔江—郁江—左江。

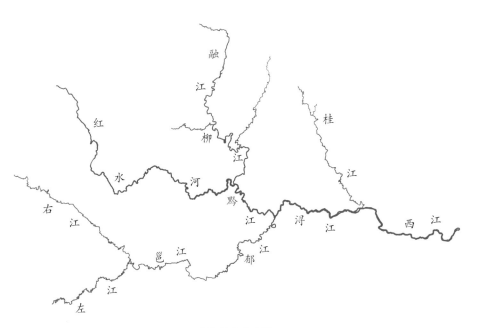

广西水系示意图

　　在 2022 年渔业资源调查中了解到，渔民在郁江贵
港市江段近几年仍偶有捕获 1 千克左右的赤魟。这可以
说明赤魟是洄游鱼类，但因江河筑坝等种种原因，被陆
封在江河中无法回到大海，并且逐渐适应当地水域环境
而繁衍生息。七丝鲚、白肌银鱼、间下鱵这几种江海洄
游鱼类也有这一现象。

"守沙待食"，母子情深

　　赤魟喜欢静静地潜伏在深潭中的泥沙底下，一来是为了安全着想，二来是为了保持身体清洁。当然，最重要的原因是为了捕猎。赤魟主要捕食栖息在水底的生物，它一声不吭地趴在水底的沙石下面，水生昆虫、小虾等一靠近，还没反应过来，就被赤魟捉住，变成赤魟口中的美食了。赤魟不仅讲究卫生，还挺聪明的呢，会"守沙待食"！

　　很多鱼类都是鱼妈妈把卵产到水里，然后把卵慢慢孵化成鱼宝宝的，但赤魟不是。赤魟是典型的"母爱爆棚"

左江龙州段

　　的聪明鱼类。春季，赤魟妈妈找到了赤魟爸爸，但是到秋季才开始产卵，且不是直接把卵产到水里，而是在身体里把卵孵化成鱼宝宝才生出来。人们把这种生产方式称为"卵胎生"。很奇怪吧？有的赤魟妈妈因为水温或者生活环境不合适等，暂时还不想当妈妈，就不着急产卵，她们可以把赤魟爸爸的精子保存在身体里好几年，等到时机成熟了才会把卵孵化成鱼宝宝生出来。

　　赤魟妈妈一次只生七八个赤魟宝宝，最多也只生 10 个。娃儿太多照顾不过来啊！对于来之不易的宝宝，赤魟妈妈视若珍宝，那可是它一生的希望呢！赤魟母子情深，有时候赤魟宝宝不小心被渔网网住了，赤魟妈妈绝不会为了逃命弃宝宝而去，宁愿一起被捕也要想尽办法救护自己的孩子。反过来，赤魟宝宝也很依恋自己的妈妈。有些渔民就利用赤魟母子依恋的这一习性，把被捉到的赤魟妈妈放在小渔船的活水舱中，听到赤魟妈妈咕咕的叫声，才手掌般大的赤魟宝宝就会循声游到船边，宁愿被捕也要和妈妈在一起。

性情温顺乖巧，被捕也会毒人

赤魟性情温顺乖巧，并不会主动攻击人类，甚至有人还发现赤魟宝宝被捉住时，会露出可爱的"笑脸"，让人对它既爱又怜。赤魟天生带着护身"法宝"。它的尾部背面长着长且坚硬的棘刺，能像利箭一样刺穿坚硬的铠甲，棘刺基部还连着有剧毒的毒腺。如果不小心被赤魟的尾棘刺伤后会引起中毒，严重者全身痉挛甚至死亡。如果手指被刺伤，则手指会变得僵硬，再也不能弯曲。

赤魟全身都是宝，肉质鲜美，用它熬成的油可以治疗小儿疳积病，尾刺基部的毒腺也可入药，因此，虽然赤魟的毒腺令人恐惧，但还是有许多人铤而走险捕捉赤魟。甚至有的渔民捕获赤魟后，会当场将它的尾刺除掉，十分残忍。

赤魟，唯一生活在广西的淡水软骨鱼，因为人为滥捕等原因，近年人们见到赤魟的机会越来越少。神秘的赤魟还会重现江河吗？让我们一起期待吧！

中华鲟：古棘鱼后裔，"水中大熊猫"

中华鲟不仅生活在长江，在广西也曾有分布，《象州县志》《梧州府志》等多有记载，但如今在广西已难觅其身影，令人叹息。

陈列在广西水产科学研究院标本室内的中华鲟标本（施军　摄）

古棘鱼的后裔，有"活化石"之称

说起中华鲟，大家一定不会陌生。

"中华鲟不就是那生活在长江里的大鱼吗？"

"中华鲟被称为'水中大熊猫'……"

是的，说起中华鲟，大家都知道，它是我国特有的古老珍稀鱼类。古老到什么程度呢？这么说吧，它是鱼类的老祖宗——古棘鱼的后裔，至今已有一亿四千万年的历史了。恐龙，大家都不陌生吧？中华鲟和恐龙生活在同一时期，是地球上最古老的脊椎动物。恐龙早已灭绝了，而中华鲟还活生生地在长江里遨游呢，它可是现存鱼类中最原始的种类之一。因此，人们也称中华鲟为"活化石"。

在 3000 多年前的周朝，人们就把中华鲟称为王鲔鱼。《诗经》有云：

河水洋洋，北流活活（guō）。

施罛（gū）濊濊（huō），

刘氏原白鲟是中华鲟的近亲始祖，图为广西自然资源档案博物馆中展出的刘氏原白鲟化石

鳣（zhān）鲔（wěi）发发（bō）。

葭（jiā）菼（tǎn）揭揭（jiē），

庶姜孽孽，庶（shù）士有朅（qiè）。

地球上现存鲟形目鱼类共 27 种，包括 25 种鲟科鱼类和 2 种白鲟科鱼类。中华鲟分布范围非常广泛，我国东海、黄海大陆架海域和长江、珠江、闽江、钱塘江、黄河都曾经有中华鲟栖息。但是现在，珠江的中华鲟已经非常少了，长江还有一些，其他水域的中华鲟更是早已不见踪迹。现在长江水系除了中华鲟，还有另外两种鲟鱼：白鲟和长江鲟，这两种鲟鱼都是我国独有的物种，和中华鲟一样，被列为国家一级重点保护野生动物，说它们是国宝一点都不为过。专家们经过研究发现，中华鲟和长江鲟的染色体数目基本相同，它俩是鲟科鱼类中的近亲呢！

中华鲟不寻常，心中不忘故乡情

中华鲟在长江里出生，待长到 15 厘米左右，就跟着爸爸妈妈逆流而上游出长江口，去到大海里成长。但是，不管游得多远，中华鲟都不会忘记自己的家乡。十几年后，经过了大涛大浪的磨炼，已经成长为大鱼的中华鲟，依然迷恋着曾经出生、成长的长江三峡和金沙江。它们追寻着儿时的记忆，洄游到长江上游的金沙江繁衍下一代。

有感于这种鱼像中华儿女一样拥有寻根问祖的情怀，1963 年，我国鱼类学家伍献文教授给这种鱼取名

长江每年都有中华鲟增殖放流活动，图为放流的中华鲟在长江中
翻腾戏水

为"中华鲟"，也有人称它们为"爱国鱼"。为了保护
中华鲟，我国在长江口建立了"中华鲟自然保护区"，
让这一宝贵的物种可以在那里自由繁衍、生息。

体重可达千斤，素称"长江鱼王"

中华鲟小的时候身体皮肤很光滑，没有鳞片。但是
随着它快速长大，梭形的身体会长出 5 行菱形骨板。有
意思的是，中华鲟的吻部尖长稍上翘，样子看起来挺俏
皮的，嘴巴能够自如伸缩，以便吞吸食物，尾巴上长下短，
有点歪，看起来像用久了已经变形的扫帚。

在全球现存的 25 种鲟科鱼类中，中华鲟是分布于

地球最南端的种类，而且也是生长最快、个体最大的一种，成年的中华鲟体长可达到 5 米，体重上千斤，是鲟形目鱼类中的佼佼者。居住在长江岸边的人们有一种说法叫"千斤腊子万斤象，黄排大得不像样"，其中"腊子"就是中华鲟，"象"就是白鲟。

中华鲟出生在长江，但要游到大海去成长，长大了又回到家乡，这之间的距离可远着呢，洄游产卵期间它们又基本不吃东西，不长大点体力可不够啊，而且一路上会遇到狂风大浪等各种各样的艰难险阻，个子够大才更能抵御危险！成长，只有努力成长，才能回到家乡。除了个子够大，中华鲟的寿命也很长，可以活到 100 岁，妥妥的鱼类"老寿星"。

广西也有中华鲟　自古即是"特产"

说到这里，大家不要以为只有长江才有中华鲟。其实，历史上广西的西江、浔江、黔江、柳江都有中华鲟分布，当地人称它为"晴沙""鲟龙鱼""鲟鳇鱼"，虽然名字不同，但都是属于鲟科鲟属的鱼。

中华鲟在广西的洄游时间为每年的 1 月上中旬至 4 月中下旬，产卵洄游路线是珠江—西江—浔江—黔江—柳江，红水河、柳江、黔江三江交汇处的象州石龙三江口横古才滩是中华鲟的主要产卵场之一。早年的《象州县志》记载石龙附近的江中有巨石，名为"鲟鳇石"，据传是鲟鱼的产卵场所。1936 年重修的《象州县志》记述有鲟鱼："大河小河所，名目繁多，大

横古才滩，曾是中华鲟主要的产卵场之一（施军 摄）

概与他处相同，惟昔夏日涨水，常有鲟鳇鱼发现，堪
称特产，每尾大者三数百斤……"清代《梧州府志》
也记载有鲟鱼："鲟鳇鱼近戎圩河江中。大可数百斤，
其本东粤海产，冬月溯流至梧，入石窝水池中不能前，
渔人就窝取之。"

中华鲟产卵繁殖的时间集中在清明节前后。卵黏在石砾上，五六天后孵化出鱼宝宝。当年出生的小鲟鱼顺江漂流而下，饿了就吃水里的水生昆虫、软体动物、小虾等，一路漂流一路成长，从河流一直游到大海。20世纪50年代，西江干流还曾发现过中华鲟的身影，但是20世纪70年代后已经很少再见到了。数十年来的江河滥捕，电鱼、毒鱼、炸鱼屡禁不止，严重影响了中华鲟的洄游产卵，拦河筑坝也阻塞了其产卵的洄游通道，航道疏浚、水下炸礁产生的冲击波水体和噪声污染更是对中华鲟造成损伤。1998年后广西境内没有再发现中华鲟。在广西水产科学研究院的标本室内，保存着一尾中华鲟标本。这条中华鲟是雌性，长3.18米，重约300千克，1996年2月16日在黔江武宣县二塘镇江段被不法分子炸死，科研人员把它运到南宁做成了标本。

当年，建设葛洲坝工程和三峡工程时，为了不因工程建设阻断中华鲟的洄游通道而导致其灭绝，科技人员专门在大坝上设计了一条12米宽的鱼道让中华鲟通过。1982年，我国在宜昌市夷陵区建立了中华鲟研究所，这是我国唯一一所保护中华鲟的专业科研机构。研究所成立几十年来，为保护中华鲟做出了重大的贡献。

中华鲟是鲟科鱼类中唯一能进入低纬度地带珠江水系——柳江繁殖的大型鲟科鱼类。但愿有一天，中华鲟能够再回到广西这片美丽的土地上，回到它曾经生活过的家园。

鲥：农历三月溯河来

鲥，每年农历三月根据时令出现，味美却不常有，真是让人又爱又恨。时至今日，西江的鲥资源已经枯竭，难觅其芳踪。

初夏时则出，月余不复有

鲥属鲱形目鲱科鲥属，全世界有 5 种，我国只有 1 种，2021 年被列为国家一级重点保护野生动物。鲥在广西境内仅上溯洄游至桂平浔江铜鼓滩一带产卵，不再向上进入郁江和黔江。

黔江江岸

　　鲥整体看是长椭圆形，稍微侧扁，青褐色的体背上散发蓝色光泽，鳞片是薄圆形的，不容易脱落。鲥小时候身体两侧有斑点，长大后体侧变成银白色，腹部也是银白色。雌鱼最大的可长到 3.5 千克左右，雄鱼小一些，大约 2 千克。

鲥

　　鲥生活在水域中上层，喜欢摄食浮游动物，也吃小鱼小虾，游泳速度非常快。鲥平时生活在大海，每年农历三月就从大海经珠江口溯河洄游到河里产卵，产卵后亲鱼仍游回大海，留下卵宝宝独自在江河中孵化成幼鱼。幼鲥的独立性很强，长大一些后就自己游入大海继续成长。不得不说，鲥的方向感真是好得不得了，即使没有爸爸妈妈带领，它们也能准确地从出生地游回到大海。它们长途跋涉的坚忍和毅力很值得我们人类学习。

　　鲥在溯河洄游产卵时喜欢成群结队，形成鱼汛，故古人称它为"时（鲥）"，也称"三来鱼"，即农历三月才来的鱼。

名贵之鱼类，味美人爱食

鲥鳞下脂肪非常丰富，肉味鲜美，在古代与刀鱼、河豚并称为"长江三鲜"，位列"三鲜"之首。两广地区有这样一句话"春鳊，秋鲤，夏三黎"，"三黎"就是鲥。从明代开始，鲥就成为皇帝喜爱的贡品，在清代更是受到皇亲国戚的推崇。清代康熙《太平府志》把鲥列为"鳞品第一"。王安石有诗曰："鲥鱼出网蔽洲渚，荻笋肥甘胜牛乳。"诗句说的就是鲥鳞片与皮肤之间满含脂肪，脂香甘甜，胜过牛乳。

　　历史上，广西的西江、浔江盛产鲥。据史料记载，20 世纪 30 年代广西梧州鲥的收购量达 150 吨；50 年代桂平东塔鲥最高年产量达 550 吨。近年来，因为过度捕捞及江河水质污染，鲥资源已经枯竭，据桂平浔江石咀渔业队渔民描述，最后捕获到的一尾鲥大约在 2000 年。1998 年，鲥被列入《中国濒危动物红皮书》。

　　诗人杜牧写的"一骑红尘妃子笑"说的是唐代杨贵妃特别爱吃新鲜的荔枝，官吏们就让驿站的骑士日夜兼程，快马加鞭送荔枝，为此不知道累死了多少人和马。明代诗人何景明，他为鲥写了一首诗：

桂平郁江、黔江、浔江三江交汇处

五月鲥鱼已至燕，荔枝卢橘未应先。

赐鲜偏（biàn）及中珰（dāng）第，荐熟谁开寝庙筵。

白日风尘驰驿骑，炎天冰雪护江船。

银鳞细骨堪怜汝，玉箸（zhù）金盘敢望传。

这首诗说的是驿骑奔驰给皇帝送鲥的故事。鲥非常娇嫩，出水即死。为了能在炎热的五月将新鲜的鲥从江南运到京城（现北京），尽管风沙漫天，驿骑也要奔驰不止。天气太热，就在送鱼船里加上冰块护着鲥。荔枝和卢橘都未能抢在鲥之前先行送达京城，由此可见皇帝对鲥的喜爱。

喜欢热闹没有错，可是偏偏喜欢在洄游产卵时一大群大张旗鼓地凑到一起，难道鲥不知道人类对它们肥美的肉早已虎视眈眈吗？一大群一起活动的鲥差点被人类轻而易举地"团灭"了。不知道逃过捕捉的那几尾幸运之鱼，能够完成鲥家族重新兴旺的重任吗？让我们一起为鲥祈祷吧！

花鳗鲡：降河洄游的"鳝王"

　　大海是花鳗鲡的摇篮，江河、水库则是它成长的"温床"。花鳗鲡性情凶猛，为了生活拼劲十足。

身体细长滑溜，浑身花里胡哨

　　鳗鲡，广西有1科1属2种，一种是日本鳗鲡，也称"白鳝"或"河鳗"。鳗鲡细长滑溜的身体呈圆柱形，但尾巴扁平，像蛇一样。日本鳗鲡的身体是青灰色的，腹部白色，没有斑点。另一种是花鳗鲡，长得花里胡哨的，背部和身体两侧长着密密麻麻的绿色斑块和斑点，胸鳍边缘黄色，其余各鳍也有许多蓝绿色斑块。别看花鳗鲡浑身滑溜溜的，其实它身上也披着细细的鳞片，只是这些鳞片埋在皮下，而不是像一般的鱼那样，鳞片细细密密覆盖在身体表面，让人一眼可见。

成年花鳗鲡身体粗壮，是鳗鲡类中体形较大的一种，体长 331 ~ 615 毫米，体重 1500 克左右，最重的可达 30 千克以上。因为长得很像硕大的鳝鱼，所以人送外号"鳝王"。

降河洄游鱼类，喜欢昼伏夜出

花鳗鲡属鳗鲡目鳗鲡科鳗鲡属，历史上在广西西江水系的梧州、藤县及红水河的来宾、都安等地均有分布。近十年来，花鳗鲡在西江干流及主要支流均有发现，西江干流发现最远的在红水河天峨县城段。

江河只是花鳗鲡成长的地方，它属于江河洄游鱼类，到了繁殖季节，成年的花鳗鲡要洄游到海里，完成鱼生大事——产卵。了却了当妈妈的心愿后，雌亲鱼就会死去，卵在海流中孵化。仔鱼刚孵出时像又薄又软的白色叶片，被海流带到陆地沿岸后，变成短圆的线条形幼鳗，亦称"线鳗"，然后就在淡水中觅食、成长。

还没有孵化就没有了妈妈，其实花鳗鲡还是挺可怜的。没有办法，为了生存，小小的花鳗鲡鱼苗就只能自

红水河天峨县城段

力更生了。它们性情凶猛，这也是被生活所迫。没有伞的孩子要更加努力奔跑啊！花鳗鲡鱼苗进入淡水后，能上溯到江河、水库寻找鱼、虾、贝类等食物，身体逐渐变得强壮有力。

　　花鳗鲡喜欢栖息在江河、水库，尤其喜爱河流型水库。白天，花鳗鲡通常隐藏在洞穴、石隙中，夜间才外出活动。除了在水里生活，花鳗鲡还能上到岸边的湿草地，或者在雨后的竹林、灌木丛中觅食。适者生存，为了能够更好地生存，花鳗鲡也真是拼了！

曾是滋补珍品，现为保护动物

花鳗鲡和日本鳗鲡营养丰富、肉质鲜美，曾经是备受人们推崇的滋补珍品，因为稀缺，花鳗鲡的价格比日本鳗鲡的更高。

因为花鳗鲡和日本鳗鲡的苗种只能靠人工在江河入海口装捞捕获，难以进行人工繁育，所以难以进行规模化养殖。再加上拦河筑坝阻碍了花鳗鲡洄游的通道，以及江河水质污染等人为因素破坏了花鳗鲡的生长环境，花鳗鲡已经变得非常稀少，被列为国家二级重点保护野生动物，属于濒危物种。

曾经，南宁市武鸣灵婉湖有一尾花鳗鲡，潜水爱好者们称其为"鱼王"，把它视为幸运的象征，每次潜水见到它时都觉得很开心，人与鱼就这样和平共处了很多年。大家都觉得，有了鱼王的灵婉湖才真正有了灵气，有了灵魂，令人向往。可是不承想，有一名潜水爱好者不知道出于什么想法，居然把灵婉湖中的"鱼王"花鳗鲡猎杀了。事情传出来后，大家都非常愤怒，纷纷向相关部门举报，誓要为"鱼王"花鳗鲡讨回公道，让施害者受到法律的严惩！

执导电影《地球四季》的世界纪录片大师雅克·贝

武鸣灵婉湖

汉在一次接受采访时说："随着社会生活的发展，我们首先要学会让与我们共处的动物们幸福……这样我们才能发现世界会变得更加美好，同时也让自身得到更多的幸福感。"

　　一直以来，人类自以为是地球的主宰者，可以随意剥夺其他物种的生命。但其实我们和其他物种一样，都是大自然的孩子，是这个蓝色星球上重要的一分子。让我们学会与动物们和平共处，共享生活的幸福。

唐鱼：天生丽质，观赏价值高

　　唐鱼颜色艳丽，身形娇小，宛如美丽的精灵，在涓涓溪流中成长。它们因大自然赐予的美貌而深得人类宠爱，也因为人类对大自然的破坏而走向灭绝。

唐鱼（施军 摄）

源自中国，走向世界

　　我国有一种很有名的服饰，形式复古、剪裁宽松的中式服装被统称为"唐装"。在国外，常把华人聚居的地区称为"唐人街"。唐鱼这种身形娇小、活泼美丽的小鱼和我们国家是不是也有什么特殊的关系？

　　是的。你还真没猜错。唐鱼是珠江流域特有的一种珍稀鱼类，主要分布于珠江三角洲的一些山涧和小溪。1932年，鱼类学家林书颜等人首次在广州白云山发现，并命名为"白云山鱼"。由于唐鱼艳丽多彩，具有很高的观赏性，不仅国人很喜欢，就连许多外国人也被它们的美貌所折服，纷纷把它们带回自己的国家饲养，因此漂洋过海的鱼儿就有了"唐鱼"的名字，意为来自中国的鱼。唐鱼虽小，但也算是为国争光了。

美丽的唐鱼已成为常见的观赏鱼品种（郑秦　摄）

身形娇小，色彩艳丽

唐鱼天生丽质，是我国最著名的淡水观赏鱼之一。它们有一双又大又圆的眼睛，侧扁的身体背部呈深棕色，腹部稍圆呈白色，每片圆形的鳞片上还点缀着许多小黑点。身体两侧从鳃盖上角到尾柄基部各饰有1条金黄色或银蓝色纵条纹，被称为"金丝带"。尾柄的基部还有1个红色的大圆点，背鳍基部和尾鳍基部有许多略带红色的小斑点，背鳍和臀鳍呈黄绿色，边缘透明。唐鱼的背鳍和臀鳍长得非常精致，就像古代大户人家小姐使用的小扇子。看到这里，你是不是觉得大自然对这种鱼好得太过分了，把它从头到尾都打扮得那么精致！

也不知道大自然是不是害怕如此美丽又可爱的鱼儿会被贪婪的人类觊觎，而为它选择了山里涓涓流淌的清澈溪流作为栖息地。不过这样的溺爱也养成了唐鱼的娇气，它们对生存环境的要求非常高，因此被作为评估环境质量的"指标鱼"。唐鱼对水温很敏感，最适宜它的水温为25℃，但同时它也很耐寒，水温低至5℃时它仍能正常生活。话又说回来，似有先见之明的大自然为了让活泼好动、爱成群结队抛头露面的唐鱼不易被人发现，特地给了唐鱼娇小的身体。最大雄性成鱼体长约25毫米，雌性成鱼约30毫米，可谓浓缩才是精华，浓缩才不会引人注意。雄性唐鱼体形虽然比雌性唐鱼小巧、苗条得多，但是它的鱼鳍却更大，色泽也更鲜艳，这当然是为了吸引雌性唐鱼。本来身材就不够高大威猛，再不打扮漂亮点怎么能找到媳妇呢？看来唐鱼还是挺聪明的嘛。

　　唐鱼的繁殖能力一般，雌亲鱼一次只产数十枚卵，而且傻乎乎的成年唐鱼还会吞食自己的鱼卵。正所谓虎毒不食子，再饿也不能吞食自己的后代啊，难道这个道理它不懂吗？好在"天无绝鱼之路"，只要水温合适，唐鱼的鱼卵两天就能孵化出鱼仔。好像它们在卵里面就已经意识到，要快！快！快！不然自己的生命就只能定格在卵的状态，与这个多姿多彩的世界无缘啦！

曾经绝迹，重现广西

　　唐鱼有好几个别名——白云山鱼、白云金丝鱼、红尾鱼，属鲤形目鲤科唐鱼属，但唐鱼没有亲戚，本属仅有 1 种，是我国第一批国家二级重点保护野生动物之一。尽管国家早早就出台了保护措施，可是因为唐鱼种群稀少、分布地狭窄和栖息环境遭到人类破坏等原因，它们还是走向了灭绝。20 世纪 80 年代，科学界宣告唐鱼野外灭绝，《中国濒危动物红皮书·鱼类》也将其濒危等级列为绝迹（野生）。

　　唐鱼，美丽的水中精灵就这样离我们远去，实在令人扼腕叹息！好在 2003 年，在广州从化区良口镇的山溪里重新发现了唐鱼的身影。也许是唐鱼对自己世代生长的家园心存不舍，它们原谅了曾经一次次伤害过它们的人类，重返它们眷恋的溪流。这次，人类没有让它们失望。为了保护这一失而复得的唐鱼自然种群，2007 年，广州从化区良口镇的村民慷慨"让"出2200多亩（地积单位，1亩≈666.7平方米）山林用于建立唐鱼自然保护区，给唐鱼一个自由生长的家园，弥补人类对它们深深的亏欠。

2007年10月，广西水产科学研究院专家施军和同事们到野外进行考察。他们从武宣乘船出发，沿着黔江来到一处峡谷时将船停在岸边，顺着溪流徒步往上走，在一处溪流中发现了一群身形灵巧、色彩艳丽的小鱼儿。经过认真比对，施军惊喜地发现，这些小鱼儿非等闲之辈，而是大名鼎鼎的唐鱼！唐鱼在广西"重现江湖"了，这让专家们激动不已。此后，施军又多次专程到发现唐鱼的峡谷溪流进行考察，发现在峡谷的溪流中生活的唐鱼种群数量约有2万尾。但是由于电站建设蓄水淹没唐鱼部分栖息地，当地人拦溪筑坝改变了其原有栖息地环境，以及人类进入溪流违法电鱼等原因，截至2020年底，该唐鱼种群数量目测仅剩1万尾左右，资源下降比较严重，亟须实施保护措施。

历史文献中也曾记录广西有唐鱼分布，其中一个种群生活在今桂平市南木镇联江村流向黔江的一条山涧，溪流向下流的途中形成几条瀑布，唐鱼就生活在不同的梯度区域中。经过专家研究发现，这个唐鱼种群与广东从化的种群存在显著的形态差异。

发现唐鱼的溪流（施军 摄）

箭头所指为野生唐鱼（施军　摄）

　　唐鱼是国家二级重点保护野生动物，在《中国生物多样性红色名录——脊椎动物卷（2020）》中的保护等级是"极危"。但愿这美丽的水中精灵，不会再次离我们而去。

鲹和单纹似鳡：性情凶猛的"水中杀手"

　　小小的嘴，细长的吻，连着又大又长的身躯，鲹（zōng）这怪模样看起来挺搞笑。不过你可别被它无辜的样子蒙骗了，鲹可是水中鱼儿们的噩梦！

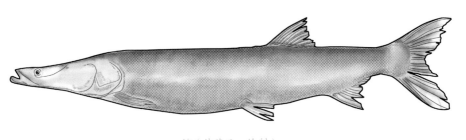

鲹（林臻玉　绘制）

大大身躯细长嘴　长着一副怪模样

　　鲹又大又长的身躯很有肉感，但头部前面连着的嘴突然变得细长，像一根管子。当我看到鲹的这副模样时，脑海里不由得浮现出动画片里小头爸爸的样子。不过小头爸爸和蔼可亲，而鲹可是凶猛的水中杀手！

鳡属鲤形目鲤科鳡属，本属只有 1 种，也叫"长头
鳡""尖头鳡"，是国家二级重点保护野生动物。鳡除
背部是灰黑色外，身体其他部位都披着银白色的细鳞，
像穿着一件很高级、很合体的白衬衫，再配上微红色的
胸鳍，着装搭配倒是很有时尚感。

大型肉食性鱼类，曾被当成"有害鱼"

鳡喜欢生活在大江大河的中上层，游泳能力很强，
要产卵时就上溯到江河上游等水流较湍急的地方。鳡的
生长速度很快，最长能长到 2 米，成年鳡体重 50 多千
克。它的卵也比较大，淡黄色，漂浮在水中顺流而下逐
渐孵化。鳡性情凶猛，是天生的"水中杀手"，刚长到
20 毫米时就开始吞食各种小型鱼类。

你看它那一身的肉就知道了，鳡可不是吃素的，鳡
那细长的嘴也不是摆设，老天给它安排那样的嘴，就是
专门给它"干饭"用的。鱼儿们如果运气不好遇到了鳡，
以为躲到石缝或者水草丛里就万事大吉了，那可就大错
特错了。鳡细长的嘴可以轻而易举地伸进石缝、水草丛，
把躲在里面的鱼儿赶出来，然后一网打尽。遇上了鳡，
鱼儿们就自认倒霉吧！

在 20 世纪 80 年代前，浔江、郁江是广西天然鱼苗
装捞主产地。中华人民共和国成立前，池塘里养殖的鱼
苗全靠天然捕捞，鳡苗就时常不声不响地混入其他鱼苗
里。刚开始时，人们没有发现有鳡苗混入，就一起带回
去进行饲养。没想到，贪嘴的鳡就一条两条地把人们辛

辛苦苦捕捞的其他鱼苗吃了，原先塘里饲养的鱼儿也变得越来越少。鳤因为天天吃鱼，身体长得很快，不用人们花费心思去追查，它就原形毕露了。因此在20世纪60年代，鳤被定性为"有害鱼"，被人们所厌恶和强力捕杀。但鳤干了坏事又不会隐匿，偏偏喜欢往渔网上撞，一撞上去就被挂住下不来了，等于是自投罗网、自寻死路，整个家族几乎被赶尽杀绝。

不过话又说回来，鳤虽然"作恶多端"，但也不是一无是处。鳤的肉特别多，味道鲜美，而且骨刺还少，曾经是广西江河常见的经济鱼类之一。

珠江、闽江、长江各干支流等很多自然水域都曾有鳤分布。鳤也常进入湖泊，在广西各主要江河、水库也都有它们的身影。但是人类对江河湖泊的不断开发，导致鳤缺少足够的食物。又因为被当成"有害鱼"清除，以及拦河筑坝致其丧失产卵所需的必要条件和江河水质污染等诸多原因，广西西江干流及支流近30年没有捕获鳤的记录，目前广西大中型水库、江河中的鳤几乎已经绝迹。因此，鳤被收入《中国濒危动物红皮书》。

小小的身躯，大大的胃口

和鳤一样，单纹似鳡也是凶猛的"水中杀手"，它小的时候吃浮游动物和鱼苗，长大后主要以鱼类为食，曾被列为破坏养殖业的"坏蛋鱼"加以控制，现在因为种群数量稀少，也被列为国家二级重点保护野生动物。

单纹似鱤（施军 摄）

　　单纹似鱤也叫"墨线鱤""真线鱤""线鱤"，属鲤科鲌亚科似鱤属，背部青灰色略带暗红色，腹部银白色，鳃孔至尾鳍基沿侧线有1条粗黑色的纵条纹，靠近尾部颜色更深。单纹似鱤是游泳健将，喜欢生活在大江大河及湖泊的中上层开阔水域，也喜欢栖息在水底岩石多的水域。生活不易，除了要有过人的本领，还得有一颗敢闯的心，单纹似鱤似乎深谙这个道理，所以不管在哪个水域生活，它都游刃有余。

　　20世纪80年代以前，单纹似鱤是西江、郁江、南盘江、北盘江水域较为常见的凶猛性肉食鱼类；90年代后，随着广西江河梯级水电站建设的推进，河流渠化严重，导致单纹似鳡产卵场消失。21 世纪以来，西江干流及其主要支流以上水域已经很难寻到单纹似鳡的踪迹，相关研究学者和当地渔民曾一度认定单纹似鳡已经灭绝。但可喜的是，经广西水产科学研究院近 10 年的调查发现，得益于江河水质不断改善和 2011 年开始的珠江禁渔行动，目前在右江田东段、柳江红花水电站坝下、红水河中上游江段、龙江均发现有单纹似鳡的踪迹。

单纹似鳡比鲸幸运，虽然同是令养鱼人厌恶的"水中杀手"，但所幸没被人类赶尽杀绝。其实单纹似鳡的肉质也很鲜嫩，长得又快，如果驯化养殖，将是一种很好的经济鱼类。

唇鲮：下唇长得厚，喜刮食藻类

　　唇鲮算得上是鱼类中的"勇者"，喜欢逆流而上，激流勇进。不为美食，不为美景，只为身体里潜藏的不甘平庸的精神。

唇鲮（施军　摄）

6 斤以下居多，故得名"没六鱼"

唇鲮属鱼类长得有些另类，上唇几乎消失，下唇厚厚的很像小猪仔的唇，上面还密密麻麻地长有许多突起的小吸盘，有些憨态可掬。其在广西分布有 2 种：唇鲮和暗色唇鲮，其中唇鲮是广西重点保护野生动物。

没（méi）六鱼、没落鱼、岩鱼、木头鱼、猪嘴鱼……唇鲮有很多的俗称，而没六鱼名称的由来，则要从平果市的一个岩洞说起。

在广西平果市，有一个出产唇鲮的岩洞，传说是许多年前一个逃荒的农民发现的。洞里有一个很深的水潭，清澈的潭水里有一个不太大的洞口，唇鲮就是从那个洞口里往外游出来的。因为洞口小，体形太大就游不出来，所以在那里发现的唇鲮体重多在 6 斤（3 千克）以下，因而得名"没六鱼"。据当地村民介绍，每年清明节前后是唇鲮出产的旺季，在洞里捕捉到的唇鲮能有 100 多千克。

洞里的没六鱼从何而来？它们真的是为了能游出洞口而只长 3 千克以下吗？难道鱼也懂得控制自己的体重？为了一探究竟，电视纪录片《中国地理探奇》的记者曾去到平果，在当地村民的带领下进到那个神奇的岩洞去寻找没六鱼。但是让记者失望的是，潭水依旧在，没六鱼却不见了踪影。经过分析和查证，记者找到了洞里的没六鱼出现和消失的原因。

原来，没六鱼洞里的深潭和右江是由一条通道连接起来的，深潭所处的海拔比右江的高，洞里的潭水经通道往下流向右江，而喜欢逆流而上的唇鲮就从右江经通

流经广西平果市的右江

道游进了洞里的深潭。但是后来右江下游建起的水库抬高了水位，洞里的深潭水位和右江水位落差就没有了，可以激流勇进的水域环境就此消失，且潭水也被周边渗入的工业废水所污染，唇鲮自然就不再去洞里了。

"潺潺清泉扬波去，尾尾没六洞中来。"没六鱼洞口的石刻对联依然清晰可见，可洞里却再也不见没六鱼的踪迹，真是可叹、可惜！

至于唇鲮为什么大多体重不足 3 千克，不是因为它天生懂得为了出洞而控制体重，而是因为它的食谱非常单一，只喜欢刮食石头上的藻类和苔藓，且 5 岁之后就停止生长了。

喜欢逆流而上，爱在洞中昏睡

除了右江，唇鲮在广西西江干流及支流均有分布。在南盘江流域也有唇鲮分布，不过那里的人们喜欢称它们为"猪嘴鱼"。

唇鲮生活在江河的下层，但不喜欢像平常的鱼儿那样总是待在一个水域里生活，而是喜欢迎着激流而上，沿着地下河从通道游进海拔较高的岩洞里，渔民认为它们"只上水，不落水"，故称其为"没落鱼"，也称"岩鲮"。

广西人喜欢午睡，唇鲮也有午睡的习惯。当正午阳光直射河面时，唇鲮就开始在岩洞中昏睡。因为害怕阳光，所以唇鲮喜欢在夜间活动。

暗色唇鲮在广西西江干流及支流均有分布，它能用唇上的吸盘吸附在河底的岩石上，然后刮食青苔、藻类和植物碎屑。

20 世纪 90 年代以前，唇鲮曾广泛分布在珠江水系的各干支流，是珠江流域渔民的主要捕捞鱼类之一。但由于水质污染以及拦河筑坝淹没了唇鲮产卵场等，野生唇鲮数量急剧减少，已经被列为世界自然保护联盟（IUCN）濒危物种红色名录易危物种。2022 年 9 月，广西壮族自治区林业局、广西壮族自治区农业农村厅将唇鲮列入《广西重点保护野生动物名录》。

可喜的是，现在已有企业成功将唇鲮和暗色唇鲮进行人工繁育，每年有几十万尾鱼苗被繁育出来，未来几年将在西江流域的各个江段进行人工增殖放流，让这一物种重新发展壮大起来。

卷口鱼：好吃懒动的"小老鼠"

嘉鱼、老鼠鱼……皆是卷口鱼。它虽然颜值不高，长相还有点滑稽，却因肉质嫩滑鲜美，而自古为人所称道。

卷口鱼（施军　摄）

《诗经》中有嘉鱼，珠江也产嘉鱼

《诗经》里有一首描述宴饮中宾主其乐融融场景的《小雅·南有嘉鱼》，其中有两句写到了味道鲜美的嘉鱼：

> 南有嘉鱼，烝（zhēng）然罩罩。
>
> 君子有酒，嘉宾式燕以乐。
>
> 南有嘉鱼，烝然汕汕（shàn）。
>
> 君子有酒，嘉宾式燕以衎（kàn）。

嘉，善、美的意思。在广西珠江水系，也分布有这样一种因为脂肪含量高，口感特别鲜美而得名嘉鱼的卷口鱼。这种鱼在西江干流、支流均有分布，虽然分布范围广，但数量极其稀少。这并不奇怪，作为自古就被人垂涎的美味，一代又一代的卷口鱼能逃过人类的捕杀，繁衍至今已算是很了不起了，这还得归功于它的生存之道——既来之则安之，坦然接受生活的苦与乐。

卷口鱼喜欢生活在河床比较宽广、水质清澈、水流湍急的深水河段的石头缝隙里。但不管是水域清澈还是变得浑浊，抑或是枯水期河床的石头裸露了，卷口鱼依然泰然处之，生活该怎样过还是怎样过，从不想着到其他地方开辟新的领地。虽说处变不惊很难得，但这么懒的鱼，也真是少见。好在它的食谱很杂，河蚬、蚯蚓、硅藻、淡水多孔动物或是有机物的碎屑都符合它的胃口，它从不挑肥拣瘦，只要有吃的就行。

不想游，也游得不快，那就听天由命吧！卷口鱼有点像一个撒娇耍赖的孩子，它似乎猜透了大自然妈妈的心思：对自己这么钟爱的孩子，人人皆喜的美物，真舍得让它灭绝吗？

形似老鼠有胡须，好吃却不易捕到

卷口鱼属鲤形目鲤科野鲮亚科卷口鱼属，本属广西有 3 种：大眼卷口鱼、卷口鱼和长须卷口鱼。卷口鱼最大个体重约 1 千克，体长约 240 毫米，背部青灰色，每片鳞中间都有 1 块黑斑，而腹部是银白色的。奇特的是，它的吻部向前突出显得头略尖，吻皮和上嘴唇相连后向下弯曲生长，然后分裂成 10 ～ 12 条流苏把嘴盖住。尖尖的头下长了"胡须"，再配上两只圆溜溜的眼睛，怎么看都像老鼠那贼头贼脑的样子，因而又名"老鼠鱼"。

颜值可以不高，但才华必须要有。卷口鱼能在众多鱼类中脱颖而出赢得美名，是有实力傍身的，并非浪得虚名。

珠江有四大名贵河鲜：鲈、嘉、鳜、鲩（hān），其中的"嘉"指的就是卷口鱼。据资料记载，我国台湾也有卷口鱼，疑为杂入其他养殖鱼苗而移入的。

古人很喜欢用"嘉"来形容鱼类的鲜美。除了《诗经》有诗赞美嘉鱼，唐代刘恂的《岭表录异》、清代屈大均的《广东新语》都写到了嘉鱼。宋代诗人周去非在《岭外代答》中也写道："嘉鱼，形如大鲫鱼，身腹多膏，其土人煎食之甚美。其煎也，徒置鱼于干釜，少焉膏溶，自然煎熬，不别用油，谓之自裹。"周去非对嘉鱼烹饪方法的描述让人不由得浮想联翩，垂涎三尺。

　　好花不常开，好景不常在，世间万物总难得两全其美。卷口鱼好吃，但并不是那么容易就能捕捉到的。除了因为数量稀少，还有一个原因是它生活在水流较急的深水河段石隙里，只有等到冬季水位比较低的时候，才好下网捕捞。

大眼卷口鱼，广西独有鱼种

　　在 3 种卷口鱼中，大眼卷口鱼和长须卷口鱼是广西特有的。长须卷口鱼仅分布在柳江，20 世纪 80 年代才被发现的大眼卷口鱼则分布在柳江、郁江和左江，数量稀少，被列为《中国物种红色名录》濒危鱼类。

大眼卷口鱼（施军　摄）

红水河、柳江、黔江三江交汇处

　　大眼卷口鱼因两只眼睛比同属卷口鱼的眼睛大而得名，但它的个头又比同属卷口鱼的小，体重只有 100 克左右。大眼卷口鱼的头比较短，从上面看头顶略呈方形，因此俗称"四方头"，也叫"深眼丁"。

　　大眼卷口鱼传承了同属鱼类不好游动的基因，喜欢静卧在水草叶子上，那一动不动的样子多少显得有些呆笨。不过和大眼卷口鱼生活在同一水域的鱼类估计不太喜欢它，只因这家伙实在太懒了，一趴下来就不想动，一直等到缺氧了才突然冲出水面猛地游走，吓得群鱼惊恐万分，小心脏都快要被吓出来了。这一天天的吓"鱼"，谁受得了呀？群鱼虽有不平，却也拿它没办法，只能默默接受！

　　虽然不善游动，但是大眼卷口鱼可以用胸鳍抵住河底的沙石，像脚一样前进后退，行动自如，这可是一般的鱼类所没有的绝技哦！生活总是很枯燥，偶尔表演一点新花样，给生活加点调味剂，那也挺好。

洞穴鱼类：神秘的"小瞎子"

有的鱼眼睛退化到只剩一个小黑点，有的鱼触须发达，有的鱼变得通体透明……适者生存，洞穴鱼类总有办法应对生活的变数。

地下暗河流动，鱼类营穴而居

说到洞穴，你想到了什么？神秘的马山金伦洞？驰名中外的桂林芦笛岩和七星岩？还是长有许多奇形怪状钟乳石的武鸣伊岭岩？可是你知道吗？在广西星罗棋布的洞穴里，生活着一群神秘的水中精灵——洞穴鱼类。它们有的生活在地下河，有的生活在洞穴里，还有的生活在地下河出口处的深潭……

只要心中有光，梦想总会发芽。同样，只要心里有爱，在哪都能找到幸福的方向。洞穴鱼类，即使身处黑暗，却从未失去对生活的热爱与追求。

说到洞穴鱼类，就不得不说说暗流涌动的地下河。广西已经发现地下河 600 多条，总长 1 万多千米，长度超过 10 千米的地下河近 250 条。如位于凌云县城北百花山上的水源洞，是典型的喀斯特溶洞，洞内有地下河

水源洞

涌出，汇入澄碧河，最后流入珠江，被称为"粤江源泉"。
这些地下河犹如地球母亲流动的血脉，在约占广西总面
积一半的碳酸盐岩区域日夜不息默默地流淌。这些地下
河犹如被大自然赋予了神力的巧手，以坚持不懈的努力，
在无比坚硬的碳酸盐岩上雕凿出了大大小小的岩溶洞穴。
这不计其数的岩溶洞穴恍如天上洒落的星辰，散布在广
西秀丽的青山绿水间，同时也孕育了独特的洞穴鱼类。

　　据《西江》介绍，我国是世界上拥有典型洞穴鱼类
物种最多的国家，其中近三分之二的种类分布在广西西
江流域。目前广西纪录有洞穴鱼类2目4科11属61种。
其中条鳅科种类最多，有32种，鲤科有24种，鳅科有

4 种，钝头鮠（wéi）科有 1 种。在这些洞穴鱼类中，有
20 多种是盲鱼，它们是广西洞穴鱼类的典型代表。这么
多的盲鱼在同一地区分布，实乃世所罕见。

无眼岭鳅、颊鳞异条鳅、桂林波罗鱼、鸭嘴金线
鲃……这些长相奇特、种类繁多且鲜为人知的洞穴鱼
类，散布在广西 28 个县（市、区）的 100 多处洞穴里。
其中西江干流红水河流域是广西境内洞穴分布最多的地
区，洞穴鱼种类也最多，达到了 28 种。

大自然就是这么神奇，在我们意想不到的地方，也
有生命在默默地繁衍生息。大自然又是那么慷慨，馈赠
广西儿女一笔珍贵的生态财富。

波罗鱼很奇特，身带熠熠金线

1980 年，在桂林飞凤山洞穴中，新发现了一种奇
特的鱼。这种鱼，最大的体重 232 克、长 220 毫米，
最小的只有 2 克、长 25 毫米。因为背鳍部肥厚隆起，
像弓着背一样，当地人称其为"驼背鱼"。名字虽然
不太好听，但是听着还挺亲切的。至于最初给它起的
名字——桂林波罗鱼，倒也是蛮形象贴切的。它还有
另一个好听的名字——桂林金线鱼。这种鱼鲜活时呈
淡紫色，腹部呈白玉色，鱼鳍呈金黄色，幼时侧线就
已经熠熠发光，就像是身上绣了 1 条金线，故得此名。

桂林波罗鱼长年生活在洞穴里，是否有阳光，对它
来说差别不大。溶洞里氧气充足，水质透明清澈，虽然
食物少点，但还是够它维持生存的。知足才能常乐，生

活总会有许多磨难，要学会接受。桂林波罗鱼颇有一番智者风范。它们从不洄游到地表河，仅在汛期才聚集在有暗光的洞口。它们看似安于现状，但可爱的外表加上温顺的性格，配以金黄色的鱼鳍和耀眼的侧线，怎么看都是惹人怜爱的"小可爱"。爱，就舍不得伤害。桂林波罗鱼似乎深谙捕获人心的秘诀。它们是洞穴特有的珍稀鱼类之一，应当好好保护。

金线鲃种类多，异华鲮长"月牙"

多斑金线鲃、田林金线鲃、叉背金线鲃、小眼金线鲃、长须金线鲃、大鳞金线鲃……分布在广西的 24 种鲤科洞穴鱼类，除了 1 种是异华鲮属，其他 23 种金线鲃属鱼类全都是我国特有的。千奇百怪的洞穴是它们生活的乐土，它们与世无争，默默享受着快乐。

多斑金线鲃（施军 摄）

田林金线鲃（施军　摄）

叉背金线鲃（施军　摄）

小眼金线鲃（施军 摄）

长须金线鲃（施军 摄）

为了揭开这些精灵神秘的面纱，鱼类专家可下了不少苦功夫。有一次，广西水产科学研究院的专家及当地向导一行8人，进入天峨县一个山洞去寻找一种金线鲃。他们带着事先准备好的电筒、手机，点燃了蜡烛和火把，小心翼翼地朝着洞穴深处走去。他们边走边寻，金线鲃却仿佛要考验他们的诚意和毅力一般，始终不现身。

洞穴里别有洞天，宽敞处甚至有座座山峰挺拔矗立，令人称奇，而狭窄处人却要贴地爬行才能通过。走了一个半小时，终于在洞穴深处的一个水潭里有了重大发现，发现金线鲃了，而且还捞到了几尾！大家如获至宝，欣然返回。可返程并不顺利，一不小心就迷路了，向导只能带着专家们爬上了山顶，再从山顶返回。

很多鱼类为了更好地适应黑暗的洞穴生活，连眼睛都退化了，但大鳞金线鲃绝对是独特的存在。它除了鳞片比一般金线鲃的大，眼睛也是大而有神。据专家调查

大鳞金线鲃（施军 摄）

发现，大鳞金线鲃在广西外只分布于贵州省荔波县，在广西分布很广，红水河及柳江都有它的身影。大鳞金线鲃个子虽小，可能量不容小觑。大鳞金线鲃家族庞大，鱼身富含脂肪，是当地人钟爱的"油鱼"。

短须金线鲃不仅头小，触须也短小，而且只有两对；大眼金线鲃眼睛又大又圆，触须又粗又长；鸭嘴金线鲃吻部突出像扁平的鸭嘴，有的眼睛退化成小黑点，有的眼睛完全消失。洞穴里黑乎乎的，有眼睛也没有用，不要也罢。为了能够子孙绵延，金线鲃属鱼类和其他洞穴鱼类一起，八仙过海，各显神通。生存才是王道，既然改变不了生境，那就改变自己。

广西唯一一种异华鲮属的洞穴鱼——长须异华鲮的两对触须又粗又长，奇怪的是它的吻皮往下长，将嘴巴整个包住，并且在两边口角处和下唇连接起来，就像是长了一枚弯弯的新月。这是大自然给它留下的胎记吗？

世界那么大，我想去看看。长须异华鲮怀揣着小心思，栖息在贺江支流喀斯特地区洞穴，以及洞穴出口处的小水潭里。机会总是留给有准备的鱼。当汛期洪水流进洞里时，长须异华鲮就趁机顺着水流游到外面的广阔天地去了。梦想总是要有的，即使游不了多远，但也算是摆脱了那个狭小洞穴的束缚，总比那些一辈子都待在洞穴里不见天日的家伙们强多了！

修仁鮡很难寻，条鳅科分布广

修仁鮡属鱼类广西共有3种，属于洞穴鱼类的仅有

1种，那就是钝头鮠科的后背修仁鮠，它是我国发现的第一种鲇形目洞穴盲鱼。后背修仁鮠的名字听着怪，长得也很怪。它的吻端钝圆，头部长有皮肤，鳍大多被厚皮膜包裹，身体修长，乍看有点像大头鱼的缩小版。

后背修仁鮠（欧阳临安　摄）

说起发现后背修仁鮠的经过，多少有点机缘巧合。这种盲鱼仅分布于富川一条水流较小的地下河，而距离这条地下河4米的地面上，人们正好挖了一口水井，以便日常抽取地下河的水饮用。

有一次，人们在用手压式水泵抽取地下河水时，后背修仁鮠正好随着水管被抽上来，它们才被人们发现。不过每年发现的后背修仁鮠也只有2～3尾，种群数量真是少得可怜。虽说物以稀为贵，但是种群数量太少就容易走向灭绝，希望大自然能赐予后背修仁鳅好运。

相比于分布范围极其狭窄且数量稀少的后背修仁鳅，排在广西洞穴鱼类首位的条鳅科可谓大家族了，它们共有异条鳅属、间条鳅属、云南鳅属、岭鳅属、副鳅属和高原鳅属6个属32种。其中又以岭鳅属种类最为繁多，全属鱼类一共有13种，广西就有12种。

这些条鳅科洞穴鱼类分布很广，如平果异条鳅生活在平果的山区洞穴，透明间条鳅栖息在都安保安乡的地

凌云县浩坤湖景观

下溶洞，郑氏间条鳅分布在大化六也乡……虽然种类多、分布范围广，但是因为洞穴内几乎没有光照，而且食物非常少，很多种类的种群也是非常少。凌云县浩坤湖湖边山崖里有很多大小不一、深浅难测的洞穴，有"鱼类进化的活化石"美誉的洞穴鱼类就生长在这些隐蔽的洞穴里面。如凌云高原鳅，平时难得见到一尾，又因为人们在它们生活的洞口建了一座水电站，将地下河上游的水抽来发电，凌云高原鳅的生存更是受到了严重威胁。好在经过当地渔业部门的努力，于 2008 年建立了广西凌云洞穴珍稀鱼类自治区级自然保护区，这是我国首个以珍稀洞穴鱼类及地下河生态环境为主要保护对象的自然保护区，使得凌云高原鳅等种群得到了妥善的保护。

　　在保护洞穴鱼类上，广西做出了很多努力，也取得了很好的成效。无眼岭鳅、鸭嘴金线鲃、颊鳞异条鳅等珍稀洞穴鱼类在保护区自由生息，默默谱写着人与自然和谐相处的赞歌。

　　2021 年，我国首次将金线鲃属的所有鱼类列入《国家重点保护野生动物名录》，保护级别为二级。2022 年，广西将间条鳅属、云南鳅属、洞鳅属、岭鳅属、高原鳅属所有种的洞穴鱼类列入《广西重点保护野生动物名录》。

斑鳠：名贵的"淡水鱼王"

因为肉质细嫩鲜美，斑鳠（hù）获得"淡水鱼王"的美誉；也因为肉质细嫩鲜美，它从江河中的名贵经济鱼类，被"吃"成了国家二级重点保护野生动物。

斑鳠（施军　摄）

身披圆形斑点，人送外号"芝麻剑"

说起斑鳠，很多人比较陌生，但是一说起"芝麻剑"，很多人都比较熟悉。

斑鳠属鲇形目鲿科鳠属，浑身光溜溜的，没有鳞片，嘴巴两边有白色的胡须，体形比较长，后部稍扁平，整体看起来像一把发光的剑。斑鳠小的时候身上并没有斑点，长大后胸鳍、腹鳍和臀鳍也没有斑点，但身体两侧零星分布有大小不等的圆形褐色斑点，乍一看像身上黏着粒粒黑芝麻，所以人们叫它"芝麻剑"，也叫"花剑"。

不得不说，当初给它起名叫"芝麻剑"的人，想象力还挺丰富的呢。不过你可看仔细了，有一种名叫斑点叉尾鮰（huí）的鱼跟"芝麻剑"长得很像，身上也有灰黑色的斑点，只是斑点比"芝麻剑"的少。"芝麻剑"的胡须是白色细长的，而斑点叉尾鮰的胡须是黑色粗短的，大家可别把它俩弄混了。

斑点叉尾鮰（施军　摄）

珠江流域名鱼，有"淡水鱼王"美誉

斑鳠喜欢栖息在江河的底层，水流比较急而且有洞穴、石头多的地方，喜欢吃水蚤、小鱼、小虾等小型水生动物，在西江流域的浔江、黔江、南盘江、桂江、红水河、郁江、左江和右江等河流都有它的身影。

每年4～7月是斑鳠产卵的季节。斑鳠虽然喜欢生活在水流比较急的乱石堆中，但鱼妈妈对待自己的孩子都很温柔。雌斑鳠会选择在水流比较轻缓的沙滩、石砾中产卵，让卵黏在石壁、水草上。河水轻轻流，就像在给卵宝宝晃摇篮；河水轻轻唱，卵宝宝在大自然的歌声中孵化。

斑鳠是珠江流域的珍稀鱼类，个体能长到4～5千克，最大可长到10千克以上，不过那么大的个体是非常少见的。

斑鳠的生命力非常顽强，它离开水依然能存活好几个小时。但是20世纪90年代后，随着广西江河水电的陆续开发，河流渠化严重，再加上水质污染、渔民大肆捕捞等原因，野外自然生长的斑鳠越来越少。2021年，斑鳠被列为国家二级保护野生动物，禁止捕捞。

说到这里，也许有人会问，斑鳠那么好吃，为什么不进行人工养殖呢？肉质鲜美的斑鳠，一定能带来很好的经济效益。

确实，物以稀为贵，在没有被列为国家重点保护野生动物之前，美味的斑鳠市场价格就达到了每千克200元左右。在2000年以前，斑鳠还无法进行人工繁殖。经过了8年的努力，广西水产科学研究院的工作人员终于攻克了斑鳠人工繁殖的技术难关，但因为种种客观原因，目前斑鳠还不能大规模养殖。希望在科研人员的努力下，珍稀的斑鳠能够早日回归名贵经济鱼类的队伍中，重新走上人们的餐桌。

从 2011 年起，国家在珠江流域大力实施禁渔及水污染治理，野生斑鳠得到有效保护，野外种群数量越来越多。不过野生的斑鳠是不能捕捉的，它们可是国家二级保护野生动物！

由于多种鱼类在大藤峡江段洄游，广州、成都一为保护西江的水生态多样性，大藤峡水利枢纽工程通过仿造自然生态，为花鳗鲡、厚颌一幅道一鳗鲡等珍稀频危鱼类提供了洄游通道。

斑鳢：喜欢伏击小鱼，
泥中也能生存

在水中、在淤泥里，斑鳢(lǐ)悄悄潜伏。它不事张扬，却能帮助人们快速愈合伤口，因而被冠以"水中珍品"的美誉。

斑鳢（施军 摄）

身披黑色斑纹，喜欢潜伏水底

斑鳢属硬骨鱼纲鲈形目鳢科鳢属，在广西各地都有它的身影。斑鳢身体前部呈圆柱形，像一根灰褐色的棍子，尾部侧扁；眼睛后方有 2 条黑色纵带，一条延伸至鳃盖，另一条延伸到胸鳍；身体侧面有 2 条纵向黑斑，背鳍与臀鳍、尾柄末端至尾鳍饰以黑白交错的条斑。黑白搭配，虽然简单，但斑鳢穿出了别样的感觉，因此也被称为"花鱼"或"斑鱼"。

斑鳢喜欢吃肉，小鱼、小虾、昆虫都是令它垂涎的美食，可它偏又懒得出奇，不想花大力气去捕猎，只想坐享其成。于是，狡猾的斑鳢选择水流缓慢、水底有淤泥且水草丰茂的河沟或者池塘作为栖身之地。它静静潜伏在水草丛中，闷声不响，一双圆溜溜的眼睛在观察周边的动静，一旦有猎物从嘴边游过，立即迅速出击，毫不嘴软。可怜那些小鱼小虾，还没反应过来就被斑鳢大快朵颐了。

要想成功，必先沉得住气，斑鳢似乎已经参透了这个真理。靠着出奇制胜的高招，斑鳢屡试不爽，但这也助长了它的贪婪。待原先栖息的水域食物不足时，斑鳢就会像蛇一样扭动身躯，滑行去寻找新的猎场。

直接呼吸空气，生命力很顽强

水是生命之源，很多鱼类只能呼吸溶解在水中的氧气，而水体浑浊会严重影响水中的含氧量。因此大多数鱼类生活在清澈的流动水中，但斑鳢对水质可没有那么多苛求。它可以将头探出水面，通过鳃上腔中的副呼吸器官呼吸空气，所以即使栖身的水域变得浑浊缺氧，斑鳢也能镇定自若。更绝的是，就算水源干涸，只剩下潮湿的淤泥，斑鳢也能在其中存活一段时间。

每年 4～6 月，斑鳢妈妈很忙。平日里斑鳢把水草丛当成藏身之地，伏击小鱼小虾；到了产卵期，斑鳢把水草当成"产床"。斑鳢妈妈吐出泡沫，把水草结成杯子形状的巢，然后把卵产在巢里。对于这些得之不易的爱情结晶，斑鳢妈妈和斑鳢爸爸格外珍惜。它们会伏在巢下用心守护，不敢掉以轻心，一直到仔鱼出巢，斑鳢爸爸和斑鳢妈妈还要陪护一段时间，才放心让仔鱼们独立生活。有时候，斑鳢妈妈不在，斑鳢爸爸也会尽到做父亲的责任，看护自己的宝宝。

能够收敛生肌，具有药用价值

斑鳢能长到 0.5～1 千克，甚至 2 千克，摸起来肉乎乎的。斑鳢不仅味道鲜美，而且具有独特的作用——能够促进人体伤口的愈合。这是因为它的肉性寒、味甘，具有收敛生肌的功效。当人们做了手术，或者产妇生了孩子，亲人就会想方设法寻来斑鳢给他们滋补身体，斑鳢的价格也因此水涨船高。

药食同源，中华大地上有许多像斑鳢这样天然的滋补珍品，感谢大自然的馈赠，我们自当好好珍惜。

斑鳢、月鳢，傻傻分不清楚

在鳢科家族中，还有一种生活习性和斑鳢差不多，也能促进人体伤口愈合的鱼，同样深受人们喜爱，叫作

月鳢（施军 摄）

月鳢（林臻玉 绘制）

月鳢。但月鳢比斑鳢生长速度慢，个头也比较小，只有0.25千克左右。

相较于斑鳢简单的黑白配，月鳢对穿着打扮可讲究多了。它的眼后头侧也有2条黑色纵带伸至鳃盖，身体以绿褐色或灰黑色打底，侧面有7～9条"人"字形的黑色横带，其间洒落一个个亮色的珠子，背鳍与臀鳍也有几行珠色亮点，因此人称"山花鱼""七星鱼"或者"点称鱼"。

月鳢喜欢栖息在山间溪流、池塘或者稻田中，昼伏夜出；也喜欢打洞，在寒冷的冬季会潜入洞穴或钻进泥层中躲避严寒。

爬行动物

爬行动物能适应陆地的生活，也有的习惯在水中生活，但在陆地产卵繁殖。体表有甲，以保护它们的身体。嘴上有喙，趾端有爪，利于捕食小动物。这类动物用肺呼吸，体温随自然环境温度的变化而变化，以冬眠的方式度过冬季。

微信／抖音扫码

离不开水的爬行动物

广西水生爬行动物以龟鳖为主。目前我国淡水龟鳖有 30 种左右，广西分布有以三线闭壳龟、百色闭壳龟、黄额闭壳龟、锯缘闭壳龟、四眼斑水龟、黄喉拟水龟、地龟、齿缘摄龟、平胸龟、黄沙鳖、山瑞鳖等为代表的龟鳖 19 种，是我国龟鳖种类多样性最丰富的地区。

长期以来，龟鳖被广泛用于科研、文化、医药、食品等多方面。随着近几十年社会经济的快速发展，人类活动区域几乎覆盖全境，野生龟鳖的栖息地不断遭到人类的破坏和侵占。因迁移能力相对较弱，龟鳖的生存受到较大的威胁，野生龟鳖资源接近枯竭，迫切需要保护。

除黄沙鳖、中华鳖外，广西原生分布的所有龟鳖均被列入《国家重点保护野生动物名录》。现在一些科研院所和养殖企业为了保护这些珍稀濒危物种，大力推进龟鳖人工繁育研究，使一些品种种群数量逐步提升。目前较成功实现人工繁育的品种主要有三线闭壳龟、黄喉拟水龟、乌龟、中华花龟、黄沙鳖、山瑞鳖。

除 19 种广西土著龟鳖品种外，近十几年，随着经济的发展及人们生活质量的不断提升，广西许多养殖企业和个人通过多种渠道，从各地引进了巴西龟、圆澳龟、黄头南美侧颈龟、东方动胸龟、斑点水龟、庙龟、大东

山瑞鳖（施军　摄）

方龟、安南龟、纳氏伪龟、拟鳄龟、大鳄龟、佛罗里达鳖、刺鳖等许多国外龟鳖品种进行养殖，并进行人工繁育，大大满足了各阶层民众对不同档次龟鳖食用、观赏的需求。

中华花龟（施军　摄）

乌龟（施军　摄）

黄喉拟水龟（施军　摄）

闭壳龟：天生自带"保护箱"的"亚洲盒龟"

闭壳龟坚硬的胸盾与腹盾由韧带巧妙地连接，形成一个"保护箱"，遇险时全身缩入其中，严丝合缝，让敌人看得到却咬不着。闭壳龟用刚柔并济的胆量与智慧，在 1000 万年的时间长河里书写龟族传奇。

金钱龟：龟中贵族，受人追捧

闭壳龟分布于亚洲，我国现存 7 种，其中名气最大、颜色最艳丽的是金钱龟。金钱龟背甲呈红棕色或红褐色，黑色的脊棱和侧棱在龟背绘就出一个明显的"川"字，

金钱龟

因此中文学名为三线闭壳龟。

多年以前，金钱龟在广西来宾、南宁、崇左、钦州、防城港等地都有分布。它们喜欢在海拔200～800米温暖潮湿的山涧溪流、池塘或者沼泽栖息。这些栖息地水质清澈，远离人烟，透过草木照射下来的阳光最是舒服。但寂静的山野也是孤独的，金钱龟不喜欢独来独往，它们会在草木繁茂的溪边挖一个可以容身的洞穴，几只凑在一起打发无聊的时光。天气实在太热时，那就潜入水底凉快凉快，顺便捉点螺、鱼、虾之类的当点心。植物的嫩茎和叶片味道不错，金钱龟也喜欢尝尝。

金钱龟

金钱龟椭圆形的背甲大概长20厘米，宛如古代的铜钱。成年龟体重一般在1千克以上，大者达4千克。清代姚元之《竹叶亭杂记》就有记载："陕中金钱龟产于郭汾阳家庙莲花池中。小者如拇指，愈小愈珍，小者直钱百余。余购得数枚，裹以纸，置行笥（sì）中。"文中所述"小者"就是指金钱龟幼仔。

铜钱草、发财树、金钱豹……不管是植物还是动物，人类都喜欢给它们冠上与金钱有关的名字，寄托着对财富的追求和向往。龟自古就是吉祥长寿的代表，寄托着人们对美好生活的无限期望，而拥有财气十足的名字的金钱龟，更是闭壳龟家族中的贵族，备受追捧。20 世纪80 年代中期，就有人发现了金钱龟身上的商机，开始进行饲养，当成名宠出售。有些人确实因此实现了致富的梦想。

樱桃好吃树难栽，金钱龟名贵但难以繁殖。在自然环境下，金钱龟要长到 10 ～ 13 岁才能当爸爸妈妈，人工饲养的金钱龟也要长到 6 岁以上才能产卵，虽然孵化率能达到 80% 以上，但金钱龟一年产卵也就 1 ～ 2 次，每次产卵一般为 4 枚，而且要经过 80 天的漫长等待才能孵出小金钱龟，实在是太难了。

近些年，已经越来越难见到野生金钱龟的身影了，这些曾经广泛分布的小家伙们已经被列为国家二级重点保护野生动物。人工繁育的金钱龟可以饲养，但野生的金钱龟可不能捕捉哦！

黄缘闭壳龟：机智勇敢，敢与蛇斗

胆小怕事的人常被讽刺为"缩头乌龟"，但在闭壳龟家族里，有一种会使用妙计把蛇捉住当美食的龟中勇

黄缘闭壳龟（施军 摄）

士，那就是被列为国家二级重点保护野生动物的黄缘闭壳龟。

　　黄缘闭壳龟也叫"金线龟""驼背龟"，圆形的背甲高高隆起，活像一辆绛红色的小坦克，中间有一条非常显眼的淡黄色脊棱，背甲周边镶有一圈黄色花边，每块盾片上还有细密的同心圆纹，看起来颇为精致。又因其拥有捕蛇的绝技，黄缘闭壳龟又有夹蛇龟、食蛇龟、克蛇龟之称。这么牛气哄哄的名字，估计蛇听到了都得瑟瑟发抖，聪明的三十六计走为上计，但也有胆大、贪吃的蛇偏不信邪，想把黄缘闭壳龟捉住美餐一顿，彰显蛇族的威风，结果是龟肉没吃着，自己的小命倒搭了进去。

　　成年黄缘闭壳龟的体重在 1 千克以上，体格壮实，再加上聪明的小脑袋和可张可闭的胸盾及腹盾，看似恐怖的蛇类当然不是它的对手。

　　俗话说，舍不得孩子套不住狼。黄缘闭壳龟准备捕捉蛇时会伪装成傻乎乎的样子，张开胸盾故意把肉乎乎的头露出来，惹得贪吃的蛇两眼放光，口水都快流出来了。当蛇一时头脑发热向着黄缘闭壳龟的脑袋发起进攻时，刚才还看似呆愣的黄缘闭壳龟迅速把胸盾和腹盾闭合成一个坚固的"箱子"，牢牢夹住蛇的脑袋，然后翻过来滚过去，活活把蛇给夹死，剩下的就是慢慢品尝美味的战利品了。

别看黄缘闭壳龟跟蛇对战时动作又准又狠，其实它们的性情很温顺，对待同类更是如此。它们喜欢结伴栖息在距离溪流不远的山区丘陵丛林，或者阴暗潮湿的灌木底下，倒木、岩石、落叶下也是黄缘闭壳龟喜欢聚集的地方。当淅淅沥沥的雨从天而降，黄缘闭壳龟会变得兴奋起来，它们像调皮的孩子一样在雨中嬉戏，或者到溪流里游泳，尽情呼吸带着草木气息的空气。

黄缘闭壳龟的趾间只长着半蹼，游泳能力不强，不能长时间泡在深水里，多以岸上的生物为食，如各种小昆虫、蚯蚓、壁虎、小蛇等，也吃水果和蔬菜，荤素搭配，营养均衡。

据专家研究发现，黄缘闭壳龟可以制成断板龟片和断板注射液，用于治疗各种结核病，对化疗引起的白细胞数下降有助升作用。黄缘闭壳龟是蛇的克星，但它也是我们人类的福星，我们应当好好保护它们。

黄额闭壳龟：喜欢自由，难以饲养

黄额闭壳龟体形比黄缘闭壳龟更加娇小，背甲只有11～18厘米长，体重一般不足1千克。黄额闭壳龟也称"金头龟""花金钱"。它头顶淡黄色杂有黑色斑纹，圆形背甲中央隆起，以脊棱为界线分布淡黄色甲片，每块盾甲上有圆形的黑色斑点，背甲左右两边花纹对称。黄额闭壳龟个子不大心眼可不小，很讲究体面，就连灰色的四肢也要装饰有黄色斑点，真是爱美的小家伙。

黄额闭壳龟与黄缘闭壳龟不仅在名字上仅一字之差，生活习性也相差无几。不过黄额闭壳龟生性胆小，喜欢独处，如果被强行改变了生活环境，它的小脾气一上来就会以绝食表达自己的坚贞不屈。黄额闭壳龟虽然长相很美，却很难伺候，想要饲养，绝非易事。

追求自由是黄额闭壳龟的天性。它们喜欢独来独往，不喜欢和别的龟凑在一起，对繁殖也不太感兴趣。它们5岁才开始产卵，每年产卵1～2次，每次产卵1～3枚，卵需孵化80天。自己倒是活得洒脱了，但是黄额闭壳龟的家族可不兴旺呀！作为广西稀有的土著龟类，黄额闭壳龟已经被列为国家二级重点保护野生动物了。

黄额闭壳龟（施军　摄）

地龟：背甲好像枫叶，
　　　喜欢浅水生活

　　地龟，这名字听着普普通通，可是如果你看到它，
一定会被它美丽的外表所折服。在一众黑不溜秋的龟中，
地龟可算得上是颜值超高的丛林精灵。

地龟

背甲像枫叶，颜色美丽颜值高

说起地龟，你的脑海里会不会浮现出这么一个场景：大眼睛、憨头憨脑，四条小短腿驮着又大又重、泛着泥红色的背甲慢吞吞地爬，看起来有点可爱又有点傻。

可是，如果说地龟很漂亮，你的眼睛是不是瞬间就亮了？你还别不信，地龟的颜值确实是很高的哦！

地龟体形比较小，成体背甲长大约只有12厘米，宽7～8厘米，体重250克左右，淡黄色、橘黄色或者金黄色的背甲泛着淡淡红色，前后缘呈锯齿状，看起来就像是一片被秋风染红的枫叶，非常美丽，故又名"枫叶龟"。如果你在丛林里看见了会行走的"枫叶"，可千万不要被它吓到哦！

阳光照在地龟身上，会发出闪闪金光，于是它又得了个"金龟"的美名。地龟还有一个特点，就是它的背甲上有3条突起的脊棱，背甲前后缘呈锯齿状的盾片共有12枚，所以也叫"十二棱龟"。而"地龟""泥龟"名字的由来，则是因为它只能在浅水中生活，属于半水栖动物，如果水深没过它的背甲，不久就会溺水而亡。

地龟还有一个别名叫"黑胸叶龟"。地龟的背甲就像是一枚黄灿灿的枫叶，甚是惹人喜爱。但如果把它翻个身儿，则会发现它的腹甲是黑色的，腹甲的两边是黄色的，像镶了两条金边。追求完美，地龟可真是做到了极致。

地龟（施军 摄）

栖息在丛林里，胆子小怕震动

地龟属龟鳖目龟科地龟属，这个属只有它一种，没有其他亲戚。地龟怕热喜阴凉，分布在广东、广西、海南、湖南等地山区丛林的清澈小溪流边。那里环境阴湿，林木、竹子茂密，地龟高兴了就到溪流里洗个澡，玩够了就爬到林子里找吃的，蚯蚓、蟋蟀、小虫子都可以吃，如果再来点水果当点心那更好，没有的话来点树叶也行。呵，地龟的生活那可真是太爽了！

地龟属于杂食性动物，虽然不挑食，但还是更喜欢吃活物。地龟吃得少长得也慢，而且胆子还很小，稍微有点小震动就吓得把头缩进壳里去了，变成真正的"缩头乌龟"了。

　　虽然地龟性情温顺，但你可别以为它好欺负。地龟很难驯养，总是一副"你不放我走，我就死给你看"的宁死不屈的架势。有些人在野外看到地龟漂亮，就想把它抓回家去养，那可是犯法的。野生地龟数量非常少，属于国家二级重点保护野生动物，是禁止捕捉的哦！

山区丛林里的清澈小溪

平胸龟：天生的斗士

不做"缩头乌龟"，只做特立独行的"战斗龟"。平胸龟仗着自己与生俱来的本领，个子虽小，脾气可不小。

平胸龟（施军 摄）

身披硬鳞甲，尾似鞭，会抽打

平胸龟属龟鳖目平胸龟科平胸龟属，身体扁平，成体长卵圆形近乎长方形，体形并不大，成年体重也就大约 250 克。但你可别以为它个儿小就好欺负。

　　平胸龟也叫"大头龟"，三角形状的大脑袋上覆盖着一块完整的骨片，像天生自带的"头盔"。因为头太大又很硬，所以平胸龟的头不能缩入壳内。但这有什么要紧呢，身上披着坚硬的"铠甲"，又戴好了"头盔"，敌人来了也不怕。平胸龟上颌粗大钩曲成鹰嘴的样子，下颌短小往前突出，咬合时下颌嵌入上颌中，因而得名"鹰嘴龟"。可别小看这"鹰嘴"，它可不仅用于吃饭，也是锋利的武器。平胸龟的四肢被瓦状鳞片武装起来，还随身携带着另一个武器——粗壮有力的尾巴。尾巴差不多和身体一样长，比一般龟的尾巴要粗，上面布满突

栖息在石头上的平胸龟

起的矩形鳞片，就像是一条皮鞭子，让敌人望而生畏。

先礼后兵。如果敌人来了，平胸龟先张嘴示威，发出"嘶嘶"的声音，仿佛在警告：快离开，不然可别怪我不客气！要是敌人冥顽不化，还不肯撤走，平胸龟就会主动发起攻击，用尾巴狠狠鞭打，使敌人不能靠近它，否则它非得把敌人抽晕不可。遇到体形比它大的敌人时，平胸龟则会突然张开大嘴发出怒吼声，把对方吓得屁滚尿流，乖乖逃走。

因为天生自带"武器"，平胸龟是少数遇到敌人时不需要借助壳来保护的龟类之一。士可杀不可辱，绝不做"缩头乌龟"！

自带捕食"神器"，善于攀爬捕食

平胸龟是亚洲特产，喜欢栖息在海拔 250 ～ 1700 米山区石头较多的清澈溪流中。雌龟比雄龟长得快。每年 11 月左右，当水温降至 10℃以下时，平胸龟就开始冬眠，直到翌年水温升到 15℃左右时才苏醒。在寒冷的冬天美美地睡一觉，等到春天拥抱春暖花开，这样的生活何等幸福！

平胸龟喜欢独居，也喜欢昼伏夜出和吃活食。喜食蜗牛、蚯蚓、小鱼、螺、虾、蛙类等，但不喜欢吃素。只要是荤的，平胸龟都来者不拒。要是饥饿时正好发现了猎物，平胸龟就会用强有力的尾巴抽打猎物，使猎物掉进水里，或者把猎物抽打得晕头转向而丧失抵抗力，它就可以大快朵颐啦！

平胸龟的尾巴强壮有力。想要往高处爬时，它就后肢站立，尾巴撑在地面，形成稳固的三角形支撑起身体，因此它具有很强的攀爬能力，可以爬墙，也可以爬到树上捕食鸟和蛇类，因此人送外号"捕鸟龟"。

平胸龟喜欢生活在水里，也喜欢在水中享用美食。它用前爪和鹰嘴一样尖、硬且咬合力很强的上下颌将食物撕成小块，然后慢慢享用。有些龟几年不吃不喝照样活得好好的，但平胸龟不行，如果一个月没有捕到猎物，它就会被饿死。但不用太过担心，平胸龟天生自带捕食神器，还会攀爬，而且爬行速度快，每分钟能爬 7 ～ 8 米，捕食猎物就是小菜一碟！

平胸龟非常好斗，把 2 只以上的龟放在一起，它们就会不停地打斗，最后两败俱伤，伤痕累累，甚至伤重而亡。

平胸龟在我国安徽、浙江、贵州、广东、广西等地都有分布，可以被培养成市场价格很高的绿毛龟，甲壳可以入药。因为山区溪水断流，以及被人类大量捕捉等原因，野生平胸龟已经非常稀少，在野外很难见到了，一直是广西重点保护野生动物，2021 年被列为国家二级重点保护野生动物。

保护野生动物，从我做起。如果你在野外见到了平胸龟，可不要随意捕捉哦！即使在市场上看到有平胸龟出售，也不要购买，没有买卖就没有伤害！

黄沙鳖：胆小又机灵，
喜欢阳光浴

黄沙鳖是中华鳖的地方亚种，为西江水系特有。20世纪 80 年代遭到滥捕，族群差点灭绝；90 年代后，侥幸存活的黄沙鳖在人类驯养下数量增加，成功摆脱了灭绝的困境。

幼年黄沙鳖（施军 摄）

膘肥体壮，能爬会游

幼年的黄沙鳖是灰褐色的，背甲上有6对对称的黑色斑点，浅黄色略带微红色的腹部有5对对称的斑点，非常像京剧脸谱。长大后，这些斑点会逐渐变淡、消失，体色也渐渐变成招人喜爱的黄褐色，与周围的环境相匹配。

成年黄沙鳖给人的第一感觉是膘肥体壮。这也难怪，它喜欢吃荤，不喜欢吃素。幼时吃水生昆虫、水蚯蚓，长大后专挑鱼、虾、蟹、蚌等有肉的下嘴，吃腻了，偶尔才吃点藻类、水草、瓜菜之类的换换口味。看到黄沙鳖的食谱，你就不难想象它那一身膘是怎么来的了。

黄沙鳖有背、腹两块甲板，四肢又粗又短，覆盖在背甲上肥嫩的肌肉悬垂下来，在身体四周形成宽厚的裙

黄沙鳖（施军　摄）

边，整个身体看起来像扁平的黄褐色圆形滑板。黄沙鳖用肺呼吸；脚趾上的爪锐利如钩，可以用来挖沙、打洞，帮助攀爬；趾间有蹼，可以在水中游泳，遇到危险时还能把头尾和四肢都缩进壳里。黄沙鳖虽然看起来憨态可掬，实则是深藏不露，十八般武艺样样精通。

喜欢晒背，听觉敏锐

江河、湖泊、水库等淡水水域是黄沙鳖生活的家园。黄沙鳖深知危险无处不在，因此白天潜伏在岸边的树荫或小草丛生的浅水泥带，等到夜阑人静时才出来找吃的，产卵也是在晚上悄悄进行。

晴朗的日子里，每天上午 10 时至下午 1 时是黄沙鳖最爱的时间。那时阳光正好，微风和煦，黄沙鳖择一处干净平坦的岸滩或者岩石，优哉游哉地晒太阳。头要伸出来，四只脚丫也要晒一晒，背甲要对着阳光晒呀晒，晒死身上的虫子和细菌，晒得背甲又厚又硬，好像穿上了量身定制的盔甲。晒得舒服了，黄沙鳖的小尾巴一翘一翘的，心里美得不得了，就差哼上几句小曲了。

要是碰上连续阴雨天气，太阳不露脸，黄沙鳖可真憋得难受了，浑身直痒痒。万物生长靠太阳，温暖的阳光可以促进黄沙鳖体内的血液循环，帮助它长个儿。要是长时间晒不到太阳，黄沙鳖不但不长个儿，而且还会生病呢，那可就麻烦了。喜欢拥抱阳光的黄沙鳖即使到了冬天要冬眠了，也舍不得和太阳告别，它会选择向阳的水底泥沙或洞穴安睡。冬季的阳光暖洋洋的，黄沙鳖的梦也一定是暖的吧，梦里有灿烂的阳光！

晒背是挺舒服的，但也不能因贪图一时享受而给了敌人可乘之机。大自然为了配合黄沙鳖喜欢阳光浴这一嗜好，赐予了它非常敏锐的听觉和触觉。别看黄沙鳖晒太阳时一副懒洋洋的样子，但只要有一点风吹草动，哪怕只是晃动的树影或者水拍岸的细微声响，它们都立马发动四条小短腿，快速潜入水中藏起来。警惕性强是野外生存必备的技能，只是过着这样草木皆兵、一惊一乍的生活，黄沙鳖的小心脏是不是每天都累得慌呢？

黄沙鳖一身肥膘，看起来很老实很温顺的样子，其实它还是挺凶的。为了争抢食物，它们会互相掐架，甚至为了填饱肚子或者抢占地盘，不惜自相残杀，咬住对方后就不轻易松口，脾气还是挺倔的。

要是被捉住了，黄沙鳖就会把头和四肢缩入壳内，但别高兴太早，以为黄沙鳖好拿捏，小心它会趁人不注意伸出头来一口咬住你的手指头。这时要想让它松口，那就只能把黄沙鳖放回水中，还它自由了。

两栖动物

　　两栖动物是既能在水中生活，又可以在陆地上生活的一类脊椎动物。其特点是繁殖还没有完全脱离水的束缚，幼体在水中生活，用鳃呼吸。幼体经变态发育后成为成体。成体营水生活或营陆地生活，用肺呼吸。湿润的皮肤有辅助呼吸的作用。

微信 / 抖音扫码

生在水中，长在岸上的两栖动物

　　说到两栖动物，许多人就会想到小时候生活在水里，用鳃呼吸，长大离开水用肺呼吸的青蛙、蟾（chán）蜍（chú）、娃娃鱼这些耳熟能详的物种。确实，广西独特的地理环境和气候，造就了蚓螈目、有尾目和无尾目共 100 多种两栖动物，是我国两栖动物分布最丰富的地区之一，其中蚓螈目的代表为版纳鱼螈，有尾目的代表为大鲵（ní）（娃娃鱼），无尾目的代表为虎纹蛙（青蛙）。

虎纹蛙（引自莫运明、韦振逸、陈伟才《广西两栖动物彩色图鉴》）

　　由于两栖动物属变温动物，迁移能力较弱，对外界环境变化敏感，因此环境变化和人类活动是导致两栖动物栖息地和种群数量减少的主要原因。目前，广西有一半以上的两栖动物被列入《国家重点保护野生动物名录》《广西重点保护野生动物名录》和《国家保护的有益的或者有重要经济、科学研究价值的陆生野生动物名录》（简称"三有名录"），如版纳鱼螈、大鲵、细痣瑶螈、尾斑瘰螈、富钟瘰螈、广西瘰螈、无斑瘰螈、虎纹蛙等种类。

尾斑瘰螈（引自莫运明、韦振逸、陈伟才《广西两栖动物彩色图鉴》）

细痣瑶螈（引自莫运明、韦振逸、陈伟才《广西两栖动物彩色图鉴》）

　　2004年，广西第一个水生野生动物保护区——广西泗涧山大鲵自治区级自然保护区在融水苗族自治县成立。之后又相继建立了恭城古木源大鲵自治区级水产种质资源保护区、牛栏江大鲵自治区级水产种质资源保护区，野生大鲵及其栖息地得到有效保护。

　　随着人们生活水平和生活需求的不断提高，一些企业和养殖户对经济价值较高的虎纹蛙、大鲵、棘胸蛙、棘腹蛙、黑斑侧褶蛙进行人工驯养并取得成功，如今已能大批量人工繁育苗种并进行养殖，在促使这些物种种群数量得以壮大的同时，也丰富了人们的食谱。

棘腹蛙（引自莫运明、韦振逸、陈伟才《广西两栖动物彩色图鉴》）

棘胸蛙（引自莫运明、韦振逸、陈伟才《广西两栖动物彩色图鉴》）

娃娃鱼：叫鱼不是鱼，
学名叫大鲵

　　娃娃鱼，是长得像娃娃一样可爱的鱼？非也。娃娃鱼虽然可爱，但它既不像娃娃，也不是鱼。它是世界上现存最大的，也是最珍贵的两栖动物——大鲵，因为它夜间的叫声像小孩啼哭而得名"娃娃鱼"。

大鲵（引自陈伟才、覃琨《大瑶山两栖爬行动物图鉴》）

原始两栖动物，有四脚，能爬行

大鲵是有尾目大鲵属两栖动物，也叫"脚鱼""孩儿鱼""啼鱼"，生活在海拔 100～1200 米水流比较急且清澈的溪流中，身躯粗扁，四肢粗短。

成年大鲵对自己的住所很挑剔，喜欢栖息在水潭中比较宽敞，并且比较平坦或有细沙的岩洞、石穴之中。一般一个洞内只有一条。白天，大鲵喜欢趴在洞里休息，到了傍晚或夜间才出来活动、觅食。游泳时，它的四条小短腿贴紧腹部，靠摆动尾部和躯体拍水前进。成年大鲵偶尔也会到岸上的树根间或者倒伏的树干上活动，但早晨就要回到洞穴里，这是不是有点"隐者"的风范？

孤零零生活在海拔那么高的深潭穴洞里，没有亲人，也没有朋友，不知道大鲵是否也会感到孤独害怕呢？它在夜间"啼哭"，是伤心，还是无助？

皮肤也能呼吸，捕食自有高招

大鲵是一种比较原始的两栖动物，早在 1700 多年前就有书记载：鲵鱼有四足，如鳖而行疾，有鱼之体，而似足行，声如小儿啼。幼鲵靠鳃呼吸，但长到 170～220 毫米时外鳃消失，转为用肺呼吸。成年大鲵体长能达到 1 米，体重能达到 25 千克。但它的肺偏偏发育不完全，光靠肺呼吸有些困难。但这难不倒聪明的大鲵，在解决呼吸问题方面它有两个法宝：一是在含氧

生活在自然保护区中的野生大鲵（引自陈伟才、覃琨《大瑶山两栖爬行动物图鉴》）

量高的水中，长时间栖息于水底，很久都不浮出水面呼吸；二是它还能像青蛙一样，借助湿润的皮肤来进行气体交换。但即便这样，大鲵也不能完全脱离水而到陆地上生活，它必须生活在水中或水域附近。

解决了呼吸问题，填饱肚子也至关重要。大鲵喜欢吃鱼、蛙、蟹、蛇、虾、蚯蚓及水生昆虫等，有时甚至还吃鸟类和鼠类。大鲵生活在深潭石穴中，那里光照不好，它的视力也很弱，主要通过嗅觉和触觉来获取外界信息。大鲵皮肤光滑，但头部和背腹部有两两紧密长在一起的突起疣粒，眼眶周围、两边身体侧面厚厚的皮肤形成的褶皱等地方也有疣粒。这些疣粒虽然不好看，但是却能感知水的震动，从而帮助大鲵捕捉水中的鱼、虾、昆虫等。

可以几月不食，退敌自有法宝

大鲵善于伪装，它身体的颜色和周围石子的差不多，这样既避免被天敌发现，有效减小危险系数，也避免被经过的猎物发现，增加捕食成功的概率。如果被天敌盯上了跑不掉，大鲵就会使出退敌绝招：身体散发出奇特的臭味，让敌人实在受不了后乖乖走掉。

别看大鲵平时很安静的样子，但它捕食的时候却非常凶猛，真是"鲵不可貌相"。大鲵比较懒，它采取"守株待兔"的办法捕食：守候在滩口乱石间，发现猎物经过时，突然张开大嘴一口咬住。它小小的牙齿又尖又密，咬合力很强，猎物一旦被咬住就很难逃脱。

不过大鲵不能咀嚼，只会一口将猎物吞下，然后在胃里慢慢消化。《西游记》里猪八戒吃人参果囫囵吞枣，还没品出味道就进了肚子。大鲵却是因为不会咀嚼，抓到了猎物却品不出美味，真是可惜。大鲵的胃口很大，有时会暴食，但新陈代谢也很慢，胃里的食物半个月都还没消化完。因此，大鲵很能扛饿，在清洁凉爽的水中，几个月甚至一年不吃都不会饿死，这本领真是绝了！

鲵爸爱儿有方，珍品你我共护

大鲵爸爸特别宠爱自己的宝宝。每年5～9月，是大鲵妈妈产卵的季节。这时候，大鲵妈妈会选择水深1米的洞穴做"产房"，大鲵爸爸会提前进入大鲵妈妈选择的洞穴里，用足、尾及头部将"产房"的卫生搞好，把洞壁弄得光滑整洁。卫生搞好了，大鲵爸爸就安心退出，静候宝宝的到来。

大鲵栖息的洞穴水流比较急，为了不让自己的卵宝宝被水流冲走，大鲵妈妈很聪明：把卵包裹在胶状带子里，带子一头附在石头或木头上，然后它边爬边产卵，几百枚卵排起来，卵带能长达数十米。

产完几百枚卵，大鲵妈妈累得够呛。大鲵爸爸让大鲵妈妈去休息、觅食，独自留下完成育儿的任务。大鲵爸爸将卵带绕到背后，以免卵带被流水冲走或被敌人侵害。这时如果有敌人靠近，大鲵爸爸就张开大嘴吓唬它，把它吓跑。为了保护后代，大鲵爸爸还别出心裁地将身体弯曲成半圆形，把卵带环抱起来加以保护。2～3周后，大鲵宝宝孵化出来，但体长只有 25～31.5 毫米，体重更是只有 0.3 克，也还没有长出四肢。28 天后，大鲵宝宝能够独立生活了，大鲵爸爸才放心离去。

为了繁殖后代，大鲵爸爸大鲵妈妈煞费苦心，但结果却令它们很伤心。因为外界各种因素的影响，大鲵宝宝的成活率并不高。虽然大鲵的寿命能达到 50 岁甚至 100 多岁，但自然增殖的速度依然很慢。

大鲵全身都是宝，肉质细白鲜美，营养丰富。厚实而坚韧的皮可以用来制成皮革，也可以制成治疗烧伤的药物，胆汁能清热明目。我国是大鲵资源最丰富的国家，但是因为以前滥捕食用、江河污染等，野生大鲵的数量急剧下降，很多地方的大鲵濒临灭绝。为了尽快恢复和发展大鲵资源，我国很多地方在 1960 年就开始试验人工养殖大鲵，并且获得了成功，令人宽慰。

　　为了保护大鲵，我国把大鲵野外种群列为国家二级重点保护野生动物，禁止捕猎。广西于 2004 年、2008 年、2009 年分别在融水、恭城、资源建立了广西泗涧山大鲵自治区级自然保护区、恭城古木源大鲵自治区级水产种质资源保护区和牛栏江大鲵自治区级水产种质资源保护区，对野生大鲵加以保护。

恭城古木源大鲵自治区级水产种质资源保护区景观（施军　摄）

瘰螈：栖息山涧溪流，
外表斑斓可爱

据了解，我国有13种瘰螈属物种，其中广西有4种，无斑瘰螈和广西瘰螈为广西特有种。

无斑瘰螈本是山涧精灵，在山间溪流中过着无忧无虑、与世无争的生活，可是它因为可爱的模样和斑斓的外表，常被人类捕捉来当作宠物出售。

无斑瘰螈（引自莫运明、韦振逸、陈伟才《广西两栖动物彩色图鉴》）

中国特有物种，吃害虫护林木

在广西金秀和龙胜，生活着一种有四条小短腿、长长尾巴的可爱小生灵——无斑瘰螈，俗称"狗崽鱼""水和尚"。它皮肤光滑，黄褐色的体表配上不规则的黑色斑块，给人以一种高贵的金属质感，不像广西瘰螈和富钟瘰螈那样，皮肤上长着大大小小的疣粒，令人感到头皮发麻。

无斑瘰螈属有尾目蝾螈科瘰螈属，个体娇小玲珑，雄螈体长只有 9～13 厘米，雌螈稍微长一点，最长的约 17 厘米，细短的前足有 4 趾，后足稍长，有 5 趾。别看无斑瘰螈个子小，但胆子可不小，它们生活在海拔 800 多米甚至 1000 米以上，两岸草木繁盛的山涧溪流或者水凼（dàng）（一种有水的小坑或比较小的坑）中，水底还要有可以藏身的石块或者粗砂。

白天，无斑瘰螈喜欢隐藏在水底的石块下面，偶尔也在凼洞（一种狭长的山洞或地下河道，在我国南方山区较常见）里玩耍。夜幕降临后，饿了一天的无斑瘰螈终于可以开启它的夜生活，填饱肚子当然是第一要事。除了捕食虾、蟹、螺等，捻翅目、双翅目、鞘翅目等危害林木的昆虫也是无斑瘰螈喜欢的美食。无斑瘰螈生活在溪流里，两岸葱茏的草木是它的家园的生态屏障，小虫子胆敢来搞破坏，无斑瘰螈可不答应。

被捕获当宠物，种群数量稀少

漂亮是一种资本，但有时漂亮也能招来灾祸。无斑瘰螈体色鲜艳，模样可爱，生命力顽强，虽然藏身于有草木作屏障的深山溪流，但依然难逃别有用心之人的魔爪。他们捕捉无斑瘰螈，当成宠物出售。在他们眼里，无斑瘰螈就等同于会爬动的钞票，无本的买卖稳赚不赔。

兵来将挡，水来土掩，无斑瘰螈也有护身法宝。它们的身体会分泌出一种气味像硫黄一样刺鼻的黏液，滑溜溜的，要想用手把它捉住，那可不是一件容易的事。不过无斑瘰螈还是大意了，它忘记了人类会使用工具，一个网兜就可以轻松结束它们自由自在的山林生活。

无斑瘰螈被当成宠物来到了人类的家庭或者动物园，每天都得到主人的精心投喂和满是宠溺的目光，只是不知道离开了充满草木清新气息的山林，再也听不到溪流潺潺的无斑瘰螈是否会习惯，是否会快乐呢？在独处的时候，它是否会怀念曾经和小伙伴们在一起嬉戏时快乐的时光？

爱，不一定要拥有，更不要伤害，每个生灵都应该拥有属于它自己的自由。

富钟瘰螈（引自莫运明、韦振逸、陈伟才《广西两栖动物彩色图鉴》）

　　和无斑瘰螈生活在同一个水域的还有富钟瘰螈，它也是中国特有物种。雄性个体长 133 ～ 166 毫米，雌性个体和雄性个体的体形相差无几。

　　富钟瘰螈可聪明了，它不喜欢华而不实的外表，主打安全第一。于是，富钟瘰螈选择了黑褐色的皮肤，整个背面长满一粒粒粗糙的疣，背部中央有一条突起的脊棱，像一条分水岭，脊棱两边往下的皮肤疣粒特别大，排列成纵行一直延伸到尾巴的前半部，让人看了直起鸡皮疙瘩。

　　广西瘰螈与富钟瘰螈的长相相似，它的身体背面和尾巴两侧也是黑褐色的，布满疣粒，不过腹面有不规则的橘红色或棕黄色大斑，大斑内又套着小黑斑。喜欢生活在海拔较低，水流比较平缓的山溪里。

　　下雨过后的山林空气特别清新，深吸一口，好像空气都是甜的。这时候在距离溪边 50 ～ 100 厘米的地方仔细倾听，你会听见从腐叶堆、草丛或者石缝里传来"哇哇"的低鸣，那是林蛙的声音吗？不，是广西瘰螈在歌唱。

广西瘰螈（引自莫运明、韦振逸、陈伟才《广西两栖动物彩色图鉴》）

大自然多么美好，即使歌喉并不美妙，广西瘰螈也忍不住想要抒发一下心中的感受：哇，山野里的生活多么畅快！

富钟瘰螈分布在广西的贺州八步区、钟山、富川等地。广西瘰螈分布的范围更为狭窄，只在防城和宁明。

瘰螈们对生存环境要求较高，喜欢植被丰茂、水质好的山区，因为生存环境遭到人类破坏等，瘰螈们的野外种群数量越来越少。如今，无斑瘰螈、富钟瘰螈、广西瘰螈等瘰螈属物种的野外种群已被列为国家二级重点保护野生动物，如在野外遇到中国瘰螈，请记得远观，不要近扰。

海拔较低、水流平缓的小溪

软体动物

软体动物种类繁多，仅次于节肢动物，现存种类超过10万种。它们虽然在形态上差别很大，但都具有柔软的身体和坚硬的外壳。它们大多数生活在海洋中，只有部分双壳类和腹足类迁移到半咸水和淡水中栖息。

淡水中生活的软体动物

　　广西的江河、湖泊、水库、沟渠、池塘里生活着各种各样的软体动物，具有代表性的是螺类和贝类，这些软体动物被人类长期应用于食品、药品、工艺美术、饲料等方面。如，我们平常吃到的中华圆田螺、河蚬、河蚌，还有人们喜爱的螺蛳粉的核心原料就是梨形环棱螺（石螺）；药用方面主要是淡水珍珠、贝壳粉。此外，贝壳还能制作成贝雕、螺钿等工艺品；淡水壳菜及一些小型螺类则是广西养殖青鱼的主要饵料。

水底的河蚌和螺

市场中常见的河蚬

梨形环棱螺（螺蛳粉原料首选螺蛳）（施军 摄）

中华圆田螺（施军 摄）

田螺是稻田的土著生物，具有养殖敌害少、稻田改造成本低、市场容量较大、价格相对稳定等优势，是优良的稻田养殖品种。通过稻、螺、鱼的共生共作、轮作等新型综合种养模式，可提高稻田的单位产出和综合效益，实现稳粮增收和提质增效。

稻田养螺

桃花水母

　　在广西的淡水水域中，还生活着两种非常特别的珍稀濒危软体动物，一种是桃花水母，另一种是中国淡水蛏。水母和蛏一般只分布于海洋，但在广西都安的地下河和西津水库，却有这两个物种的分布。除桃花水母和中国淡水蛏外，在广西左江、右江、郁江，还分布着国家二级重点保护野生动物佛耳丽蚌、多瘤丽蚌、背瘤丽蚌。2005 年，崇左市在左江的江州区、水口河的龙州县建立了广西左江佛耳丽蚌自治区级自然保护区，主要保护佛耳丽蚌等淡水贝类及其栖息地。

广西都安地下河国家地质公园天窗群

佛耳丽蚌：我国稀有贝类，可产天然珍珠

如果单看外形，你肯定会疑惑，佛耳丽蚌长得倒是挺像佛耳朵的，可是壳面毫不起眼，"丽"在哪里？

广西名优特产，濒危淡水贝类

在广西，生活着一种全国独一无二的贝类——佛耳丽蚌。有人还给它起了一个既形象又有趣的外号：手枪盒。除了广西，全世界只有越南栖息有少量佛耳丽蚌。

佛耳丽蚌属真瓣鳃目蚌科丽蚌属，壳长可达130毫米，甚至能达到170多毫米，差不多相当于一个成年人手掌的长度，宽40多毫米，高70多毫米，最大厚度可达20毫米，最重可达约950克。

佛耳丽蚌外表平平无奇。成年后外壳表面是黑色的，没有光泽，但有一圈圈不规则的生长线。壳内面附着银白色或淡肉粉色的珍珠层，光彩照人。说到这，你可能大致猜出佛耳丽蚌名字中"丽"的由来了吧？不过这还是次要的。大自然似乎对佛耳丽蚌特别厚爱，赋予了它一种特殊的才能——产天然的珍珠，而且最大的天然珍珠能达到50克。

佛耳丽蚌（施军　摄）

佛耳丽蚌平凡的外表下怀着一颗璀璨的心。当有砂粒或小虫等异物进入其外套膜的内外表皮层之间时，外套膜受到刺激，佛耳丽蚌就会大量分泌珍珠质，把砂粒或小虫等异物包裹起来。随着珍珠层不断增厚，慢慢形成了闪闪发亮的天然珍珠。佛耳丽蚌默默地把肉体的痛楚变成了光彩夺目的珍珠。其实生活不需要太多华丽的语言，埋头苦干，才是成功的关键。

佛耳丽蚌很怕热，水温达到33℃就能把它热死，达到35℃就会使其大批量死亡。因此，聪明的佛耳丽蚌选择水面宽20～50米，水流比较急的山涧河流作为栖息地，那里水质清澈透明，比较清凉。在水深约10米处，佛耳丽蚌借助强大的斧足挖掘泥沙和卵石，把身体的全部或部分插到水底的沙石、卵石或岩石间。

佛耳丽蚌不能主动追捕食物，只能"饭来张口"。当观察到周围环境没有什么异样时，佛耳丽蚌就悄悄把斧足和两条水管从蚌壳内伸出来，并扇动鳃和唇瓣的纤毛产生水流，让水中的硅藻、有机碎屑等食物随着水流从水管进入体内。体内的水分和废物从出水管排出，一进一出，两条水管不断交换水分。但不要以为它只能傻傻地被动接受，哪种食物好吃，哪种食物不想吃或者不能吃，佛耳丽蚌入水管突起的触手自会选择。一旦遇到什么风吹草动或者天敌，佛耳丽蚌马上机警地把斧足和两条水管缩回壳内，两片厚重的贝壳关得紧紧的，就像是紧闭的城门，就算是兵临城下，又能奈佛耳丽蚌何？

小佛耳丽蚌生长的过程也很特别。它虽然也是由受精卵变成，但一开始并不是生活在水中。袋鼠妈妈有育儿袋，蚌妈妈也有一个育儿囊——外鳃腔。成年雄蚌排到水中的精子随水流进入雌蚌的外鳃腔，与那里的卵子相遇结合成受精卵，然后受精卵发育变态成钩介幼虫。在母爱的滋养下，钩介幼虫逐渐成熟，然后像坐滑梯一样，一个一个地从出水管排出，钩附在水中遇到的小鱼的鳃瓣和鱼鳍上，吸收鱼身体的营养，再成长变态为白色的幼蚌。幼蚌长到一定程度就从小鱼身上脱落下来，潜到水底开始独立生活啦！小孩子大都是活泼好动的，小佛耳丽蚌也比较活跃，但长大了行动就慢慢变得迟缓起来。

虽然雄蚌比雌蚌多，但是只有一半左右的雌蚌能够幸运地当上妈妈。雌蚌的怀卵量一般有几百到几千粒，家族兴旺任重道远，佛耳丽蚌妈妈的母爱足够伟大。

能制大型珠核，也可制成贝雕

蚌不可貌相。佛耳丽蚌虽然外表看起来平淡无奇，却是我国发展珍珠产业赫赫有名的大功臣。

佛耳丽蚌的壳内珍珠层可用来制药；其贝壳大而厚实，可以制作成漂亮的贝雕等工艺品，最重要的是佛耳丽蚌的壳可用来磨成圆形的珠核，放到选好的蚌体内培养人工珍珠。

天生我材必有用，佛耳丽蚌那么大的身板不是白长的。这本是佛耳丽蚌对人类无私的奉献，可却差点让它的家族遭受灭顶之灾。

20 世纪 80 年代，江浙一带大量发展人工养殖珍珠，

精美的淡水珍珠

对珠核需求量非常大，因此贝壳能制成珠核的佛耳丽蚌
就成了抢手货，被人们大量捕捉、出售。

虽然佛耳丽蚌寿命达 39 岁以上，但它生长缓慢，
从出生到长大成为可以利用的大蚌，需要一个很长的过
程。因被过度捕采和栖息地遭到破坏等，原本分布范围
就很狭窄的佛耳丽蚌越来越稀少，甚至濒临灭绝，已被
列为国家二级重点保护野生动物。

好在人类及时觉醒，开始用行动弥补自己对佛耳丽
蚌的伤害。为了保护佛耳丽蚌这一优质资源，2004 年，
广西水产科学研究院对崇左市的左江和水口河进行了科
学考察，2005 年协助崇左市建立了广西左江佛耳丽蚌
自治区级自然保护区。这是广西第一个以江河天然水域
为主要保护对象的自然保护区，保护对象主要是多瘤丽
蚌、背瘤丽蚌、赤魟及其栖息地。

这真是佛耳丽蚌的福音。在保护区中，佛耳丽蚌终
于可以自由地繁衍生息。这不禁让我想起了"珠还合浦"

的故事：东汉时期，合浦郡盛产的珍珠又大又圆，非常漂亮，闻名海内外。当地老百姓下海采珠换取粮食度日，但是贪官污吏趁机盘剥，使得珠民大肆捕捞，珠蚌产量越来越低，不少人因捕捞不到珠蚌而饿死。汉顺帝刘保派孟尝任合浦太守，他革除弊端，不准滥捕珠蚌。不到一年，合浦又盛产珍珠了。

好在佛耳丽蚌从未离开广西，人类对它的弥补也还算及时。让我们一起珍惜大自然赐予广西的这一珍宝，好好爱护，和谐共处。

广西左江佛耳丽蚌自治区级自然保护区景观（施军 摄）

背瘤丽蚌：壳能制成珠核，
曾遭日本掠夺

难看的外表，美丽的心灵，这句话用在背瘤丽蚌身上颇为合适。很多时候，内在的美更值得赞叹和欣赏。

外壳多瘤难看，内藏闪亮珍珠

麻皮蚌、麻歪歪、猪耳壳、蹄蚌……背瘤丽蚌的这些别名颇为难听，皆因它的壳面上除前腹外，其余部位均布满瘤状结节，后背嵴更是长有弯曲且粗大的瘤状斜肋。但是正应了那句话"上帝为你关上了一扇门，但也会为你打开一扇窗"。大自然给了背瘤丽蚌难看的外表，但同时也赋予了它独特的才能——可产较多天然珍珠，故又名珠蚌。

背瘤丽蚌是丽蚌属的一种，壳能生长到长约 100 毫米，宽约 35 毫米，高约 80 毫米，椭圆形的壳质地比较厚且坚硬。幼蚌壳表面呈黄色，长大后逐渐变成褐绿色。老蚌壳则是暗褐色或暗灰色，壳内面白色或淡黄色，闪耀着光泽的珍珠层。爱美却又内敛，背瘤丽蚌美而不张扬。

也许是仗着身板足够厚实，也许是为了自身安全考虑，成年背瘤丽蚌喜欢选择水深、水流比较急的河流及其相通的湖泊生活，栖息在这些水域的沙底、泥沙底或卵石间，也有喜欢躲猫猫的——爱钻到岩石缝中生活。幼蚌就比较活泼，好奇心又强，喜欢在水域沿岸带活动。外面的世界那么美，整天窝在泥底沉思有什么意思呢？幼蚌才不这么干呢！谁不想趁着青春年少，多见见世面。

　　背瘤丽蚌喜欢吃有机碎屑和浮游生物。生活，简单就好。到了冬季温度低时，它会钻入泥中四五寸深处，留下一个圆形的洞口作为标志，好像在对路过的生物说：嘿，这地儿已经有主人了，请勿打扰！

背瘤丽蚌（施军　摄）

分布范围很广，蚌壳作用很多

　　背瘤丽蚌对栖息地的选择不像只生长在广西的佛耳丽蚌那么挑剔。在我国的河北、浙江、江西、安徽、广东、湖南、广西等地都有背瘤丽蚌的身影，特别是在安徽、江苏、江西、湖北、湖南等地的大中型湖泊及河流内，背瘤丽蚌的产量更高。背瘤丽蚌家族庞大，数量众多，在丽蚌属中算是产量大的。

背瘤丽蚌的壳有3层，外面的是角质层，中间的是棱柱层，内层为珍珠质层。虽然不好看，但是背瘤丽蚌的作用还真不少，其贝壳质量也主要是由珍珠层来决定。如用于治疗癫狂惊痫、头晕目眩、心悸耳鸣等病症的珍珠母，就是用背瘤丽蚌的贝壳经煅制而成，珍珠母还有定惊止血的功效。背瘤丽蚌的壳还能制成纽扣，也是制作贝雕等工艺品的优质材料，最主要的还是其可以制成珠核。据记载，日本的珍珠养殖业所用的珠核主要来源是我国的背瘤丽蚌。在抗日战争期间，日本大量掠夺我国的这一珍贵资源。中华人民共和国成立后，我国大量出口背瘤丽蚌制成的珠核，直到1969年，由于我国育珠事业的发展需要才停止出口。

背瘤丽蚌的过往，真是可歌可泣。泣者，是我们的国土被日本践踏的年代，藏于水底的背瘤丽蚌也难逃厄运；歌者，是它小小的蚌壳却蕴藏着大大的能量，为我国的发展源源不断地付出。有时候，爱可以很深沉，不需要用太多的言语来表达。

背瘤丽蚌生长发育缓慢，3～4年才能发育成熟。长期滥捕让背瘤丽蚌家族的成员迅速减少，如今，它被列为国家二级重点保护野生动物。

在我国，还有一种跟背瘤丽蚌长得很像的多瘤丽蚌，但是它个头较小一点，壳椭圆形或稍为圆形，长约90毫米，高约61毫米，宽约44毫米，整个外形看起来也比较丰满。

多瘤丽蚌栖息的环境和背瘤丽蚌的一样，它的壳也能制药、加工成工艺品和制成珠核。值得一提的是，多瘤丽蚌是我国特有的物种，分布于广西左江、右江及浙江、江苏、江西鄱阳湖、湖南洞庭湖等地，也是国家二级重点保护野生动物。

多瘤丽蚌（施军　摄）

中国淡水蛏：中国特有物种，
广西首次发现

　　对于蛏（chēng）子，很多人并不陌生，"不就是一种海鲜嘛，还挺好吃的"。海里产的蛏子随便吃，但我国淡水蛏可是国家二级重点保护野生动物，吃货们千万"嘴下留情"。

中国淡水蛏（施军　摄）

藏身于泥沙底，河湖干涸即死

　　蛏子是无私的大海奉献给人类的一种食材，大家见多不怪，吃法也很多样，煮汤、爆炒、蒜蓉蒸等，美味又营养，想想就让人馋涎欲滴。

　　在河流或湖泊的泥沙底里，也生活着一种和蛏子长相很相似的软体动物，学名中国淡水蛏，俗名"淡水蛏""河蛏""蛏子"，属双壳纲真瓣鳃目截蛏科淡水蛏属，是我国特有物种。

大家万万没有想到吧，在看似平常的河流或湖泊水底，居然藏着如此宝物，大自然真是一个神奇的魔法师。

中国淡水蛏和海产的蛏子虽然栖息的水域不同，但长得很像。贝壳都是长柱形的，淡黄色，像纸张一样脆薄，稍微用点力就能捏碎。壳面有一圈圈细致、不规则的同心圆生长线，壳内面白色没有珍珠层，也没有光泽，平淡无奇。中国淡水蛏的壳比较小，最长有 46 毫米左右，高约 16 毫米，宽约 10 毫米，体形相当于海产蛏子的一半左右。

中国淡水蛏虽然肉体柔软，但能用足部掘穴居住，身体竖直向上插在水底的泥沙里。如果不是生活所迫，谁都不知道自己会有多大的潜力，中国淡水蛏给我们做了很好的示范。

中国淡水蛏以硅藻为食物，在清澈的流水里生活得不亦乐乎。可是生活往往难以一帆风顺，如果碰上干旱季节，水位下降，河滩及湖滩干涸时，中国淡水蛏无处可逃，就只能被动接受命运的安排。它们的肉体死去，留下一个个空壳倔强地竖立于硬滩中，继续保持着生前的姿势，像一面面不肯向大自然屈服的旗帜。

对水质要求高，平时难得一见

我们平时很难见到"水中隐者"中国淡水蛏，因为它们生活在河流、湖泊的泥沙底，对水质的要求很高，对水质变化也非常敏感，不是随便一条河流、一个湖泊都能有幸成为它们的家园。不马虎，不将就，中国淡水蛏就是这么有个性。

　　根据资料记载，中国淡水蛏只分布于江苏、浙江等地。但是 2023 年 3 月的一天，在郁江广西横州市的南乡镇河段出露的河床上，人们发现有许多形态像蛏子的贝壳插在泥沙里。该市农业农村局获悉后不敢怠慢，立刻采样送到权威机构进行鉴定。鉴定结果振奋人心：河滩上出现的贝壳确为国家二级重点保护水生野生动物——中国淡水蛏，这在广西尚属首次发现。

感谢大自然对广西的厚爱，也感谢那些为了让河流、湖泊变得澄澈而不懈努力的人们。

曾经，因为江河污染、人为过度采捕等原因，中国淡水蛏濒临灭绝。好在人类知错能改，大自然给了人类一个弥补的机会，中国淡水蛏资源逐步恢复。经过多年用心钻研，专家们也掌握了中国淡水蛏的人工养殖方法。但要想让野生中国淡水蛏家族重新繁荣兴旺，还需继续加强对水生态综合治理的修复和加强，以及加强执法监管、科学增殖养护等。

广西横州市西津国家湿地公园河清水美，发现中国淡水蛏的南乡镇正位于西津湿地公园旁

外来物种

　　自然界中的物种总是处在不断迁移、扩散的动态中。而人类活动的频繁又进一步加剧了物种的扩散，使许多生物得以突破地理隔绝，拓展至其他环境当中。对于此类原来在当地没有自然分布，因为迁移扩散、人为活动等因素出现在其自然分布范围之外的物种，统称为外来种。

让人又爱又恨的外来物种

20 世纪 80 年代初，广西西江水系仅有胭脂鱼、团头鲂、蟾胡子鲶、莫桑比克罗非鱼、尼罗罗非鱼、革胡子鲶及食蚊鱼等 7 种外来鱼类。至 2020 年，调查发现西江干流及主要支流土著鱼类 154 种，比 20 世纪 80 年代减少 48 种，而外来鱼类增加超过 50 种。这些外来鱼类包括我国引进养殖的经济鱼类、观赏鱼类及其他流域的鱼类和各种杂交、选育鱼类，它们进入西江自然水域，对西江土著鱼类的生存造成严重影响。

外来水生生物如罗非鱼、麦瑞加拉鲮、野翼甲鲶在渔获物的占比逐年升高，意味着其对生态系统的破坏不断加剧。以尼罗罗非鱼为例，其作为广西重点发展的水产养殖品种，不管是养殖面积、产量还是加工出口量均居全国前列，目前是广西渔业的支柱产业之一，但这个物种养殖逃逸和养殖丢弃的现象经常出现。经过 30 多年的扩散，罗非鱼逐渐退化为选育前的野生种群，已成为广西江河的优势品种，表现为个体小、生长速度慢，但更耐低温、产卵量更大，对土著鱼类生存资源和水生植被造成了严重的破坏。

由于水生动物生活环境的隐蔽性，外来入侵往往很难察觉，一旦形成入侵，几乎不可能被彻底清除，所以我们不仅要治理那些已经形成入侵的外来水生动物，也要关注、防范一些尚未形成入侵但未来有可能形成入侵的种类，如斑点叉尾鮰、大口黑鲈、伽利略罗非鱼、革胡子鲶等。

大口黑鲈（引自施军、王大鹏《广西外来水生生物识别图鉴》）

除了鱼类，广西还引进多种水生动物，如暹罗鳄、罗氏沼虾、红螯螯虾、大东方龟、拟鳄龟、佛罗里达鳖等。农业农村部等六部门发布的《重点管理外来入侵物种名录》，从 2023 年 1 月 1 日起施行。该名录将常见的、对生态环境危害大的福寿螺、鳄雀鳝、豹纹翼甲鲶、齐氏罗非鱼、美洲牛蛙、大鳄龟、红耳彩龟等列为外来入侵物种。对这些破坏性极强的入侵物种，要严加防范和管控。

暹罗鳄（引自施军、王大鹏《广西外来水生生物识别图鉴》）

罗氏沼虾（引自施军、王大鹏《广西外来水生生物识别图鉴》）

红螯螯虾（引自施军、王大鹏《广西外来水生生物识别图鉴》）

大东方龟（引自施军、王大鹏《广西外来水生生物识别图鉴》）

拟鳄龟（引自施军、王大鹏《广西外来水生生物识别图鉴》）

美洲牛蛙

大鳄龟（引自施军、王大鹏《广西外来水生生物识别图鉴》）

福寿螺：繁殖速度极快，危害水生作物

福寿螺名字听着很讨喜，却是人人喊打的"农业杀手"。它贪婪地啃食各种水生作物，是全国各地人民的"公敌"。

当作美食引进，被弃养后泛滥

众所周知，广西人民爱嗦螺，炒田螺是各个夜宵烧烤店的必备美食之一。聪明的柳州人民更是用螺蛳汤和米粉，配上酸笋等材料，别出心裁地制作出了酸酸辣辣，让人欲罢不能的螺蛳粉，打造出了百亿元的产业链。柳州螺蛳粉誉满全国。可是大家不要以为是螺就可以吃，在稻田里、河沟边、小溪流等水域常见的福寿螺，虽然个头很大肉很多，却是不可以食用的，否则容易引病上身，吃货们可千万要注意！

福寿螺属中腹足目瓶螺科瓶螺属，也叫"大瓶螺""苹果螺""雪螺"，淡淡的橄榄绿的螺壳呈卵圆形，有五六个螺层，顶端的螺旋部呈短圆锥形。福寿螺体重100～150克，大者甚至能达到250克，个头比常见的田螺、石螺要大许多。

稻田中的福寿螺成螺（引自施军、王大鹏《广西外来水生生物识别图鉴》）

福寿螺个头较大，颜色偏黄，螺壳较脆，盖头偏扁（引自施军、王大鹏《广西外来水生生物识别图鉴》）

福寿螺原本生活在南美洲亚马孙河流域，因为其个大肉多繁殖快的特点，20 世纪 70 年代末有人将它引入我国台湾。本以为把它做成美食一定可以挣很多钱，可谁承想却是美梦一场。

福寿螺引进我国后，被各地怀揣发财梦的人们争相饲养。20 世纪 80 年代作为养殖品种从广东引进广西。可是不久，大家就失望地发现，福寿螺的肉并没有传说中的那么美味，还带着一股腥味，并不受市场欢迎。

2006 年发生在北京的一件事，更是让人们谈"螺"色变，有 160 多人在一家酒楼的两个门店吃了没有煮熟的凉拌福寿螺，陆续感染了广州管圆线虫。虽然经过一系列治疗，这些食客终于恢复了健康，但是治疗的过程却相当漫长和痛苦。

据专家介绍，福寿螺的体内可能有几种寄生虫，寄生虫总数量更是达到 3000 ～ 6000 条，真是太恐怖了！一时嘴爽却让身体遭殃，这些食客们因为几口福寿螺肉付出了惨痛的代价，福寿螺变成了"不寿螺"，人们从此望"螺"生畏。曾经被养殖户们当成是"香饽饽"而争相饲养的福寿螺彻底不香了，被大量丢弃的福寿螺开始肆无忌惮地进入稻田、河湖、沟渠等水域。

终于从人类的嘴里死里逃生，福寿螺们开始酝酿一场报复人类的阴谋。

疯狂咬食作物，粪便污染水体

福寿螺的繁殖力超强，它把卵块产在高出水面的植物茎秆或者石头、岸边等。刚产出来的卵块是鲜艳的玫红色，颜色是挺漂亮的，里面却藏着日后"为非作歹"的小坏蛋。

一只福寿螺一年能产卵 20 ～ 40 次，年产卵 3 万～ 5 万粒。这些密密麻麻的红色卵块让人触目惊心，头皮发麻，而且卵块只要 5 天就能孵化出幼螺。凑近卵块细心观察，会发现那些变成淡淡粉色的卵里面，有一个个透明的小小幼螺。幼螺生长 4 个月又可以产卵，这是多么

福寿螺卵

可怕的繁殖速度啊！如果人们饲养的鱼虾能有这样的繁殖速度，那可真是太好了！

　　除了繁殖速度超快，福寿螺的生命力也是超强。它虽然是水栖生物，可是体内有鳃和肺吸管。没有水的时候它就紧闭螺壳，躲在泥土中休眠等待雨季到来，休眠期甚至可以长达半年。人们常说"水是生命之源"，可是对福寿螺来说似乎并不是那么回事，没有水，它照样能活得很久，而且活得很好，堪称水生动物里的"不死螺"，与花族中的"不死鸟"有得一拼。

　　农村的老人们嫌弃一个人无用，常形容他是"山大无柴"，福寿螺就是令人讨厌的家伙。它不仅无用，而且还专门搞破坏，简直是坏透了！

　　吃吃吃，吃是福寿螺搞破坏的手段。福寿螺食量很大，不仅啃食草叶，还疯狂啃食水稻、莲藕等水生农作物的叶片、茎秆，有时也吃腐肉，最喜欢吃的是嫩嫩的稻秧。成群结队的福寿螺像一群永远填不饱肚子的怪物，所到之处风卷残云，跑不掉的农作物只有等着被吃的份儿。在福寿螺泛滥成灾的稻田里，不到半天时间稻秧就会被啃食大半，从而造成日后作物产量锐减。

最典型的一个例子是 2006 年广西发生的"螺口夺稻"事件。那年 8 月，几场暴雨过后，南宁、崇左、钦州、防城港等地的稻田里惊现数不胜数的密密麻麻的福寿螺，触目惊心。眼看着 250 万亩当季水稻将要被可恶的福寿螺蚕食殆尽，农业部门迅速行动起来，组织农民们展开"灭螺大战"，用手捉、喷农药、施茶麸……经过一个月的奋战，才保住了收成。除了啃食农作物影响收成，福寿螺的粪便也会污染水体。

列入"黑名单"，全国各地围剿

作为全球公认的 100 种最具威胁的外来入侵生物之一，福寿螺对农业具有极强的破坏力。2003 年，福寿螺被国家环保总局正式列入首批入侵我国 16 种外来物种的"黑名单"；2012 年被列入农业部《国家重点管理外来入侵物种名录（第一批）》；2022 年被列入农业农村部等六部门发布的《重点管理外来入侵物种名录》。

福寿螺坏事做绝，人们恨得牙痒痒，要怎么样才能把它们赶尽杀绝呢？在国外，有专门收拾福寿螺的天敌蜗鸢、钳嘴鹳，它们像吃零食一样，用嘴啄开螺壳后食用螺肉。可福寿螺本就不是我国的原生物种，国内没有专门对付福寿螺的天敌，这可怎么办呢？

刚开始时，人们用最原始的方法对付福寿螺——用手捡，然后捣碎喂鸡鸭。可是人工捡拾的速度哪里赶得上福寿螺繁殖的速度，而且不计其数的小福寿螺很难捡完。于是，人们又派出了鸭子大军，把鸭子放到田里，直接啄食福寿螺和它们的卵块，让这些可恶的家伙"断子绝孙"。这对抑制福寿螺繁殖确实起到了很好的效果，可是鸭子只能啄食比它嘴巴小的小螺和卵块，对个大、壳厚的螺却无计可施。

说到这里，大家一定很心急。用农药啊，一把药撒下去，这些为非作歹的家伙不全都"死翘翘"了吗？农药用多了会污染水体和土壤，破坏生态系统，除非迫不得已，否则不用此措施。在2006年广西掀起的福寿螺歼灭战中，植保专家发现将捣碎的茶麸撒到田里，可以消灭福寿螺。这个办法既环保又能增加土壤肥力，一举两得。

在全国各地，人们也通过实验找到了各种各样围剿福寿螺的方法，如浙江在茭白田里套养中华鳖，看来福寿螺的好日子算是到头了。有意思的是原本生活在印度的亚洲钳嘴鹳，看上了云南大理良好的生态环境，从2006年开始纷纷飞临云南筑巢安家。有了这个得力助手的加持，福寿螺是在劫难逃了！

原本人们是怀揣着美好的愿望引进福寿螺，以为它可以为自己带来数不尽的财富，可却因为对这个物种认识不足，且日后随意丢弃，给我国的农业发展造成了不可估量的损失。

据报道，每年入侵物种给我国造成的直接或间接的损失，总计高达2000亿元，福寿螺是罪魁祸首之一。对待外来物种，我们要慎之又慎，切记不可随意弃养或放生。

罗非鱼：既是餐桌常客，
亦是入侵分子

尼罗罗非鱼、奥利亚罗非鱼、红罗非鱼等罗非鱼品种是人们餐桌上的常客，但也有齐氏罗非鱼这样被淘汰的品种变身入侵分子，在自然水域里"为非作歹"，令人讨厌，让人头疼。

国外引进养殖，肉鲜美有营养

罗非鱼的家乡在遥远的非洲，族群里种类繁多，其因肉质细嫩鲜美，营养丰富，而且肉多刺少，生长速度快，几十年前就被许多国家引进饲养，成为人们喜爱的佳肴。

1958 年，广西从越南引进了莫桑比克罗非鱼，俗称"越南鱼"。1978 年，长江水产研究所从尼罗河引进了尼罗罗非鱼，因为这种鱼适应环境的能力比莫桑比克罗非鱼更强，生长速度更快，而且个头也更大，很快受到养殖户们的追捧，迅速在全国推广养殖。1980 年前后，尼罗罗非鱼来到广西安家落户，逐渐替代莫桑比克罗非鱼，成为养殖户们的主要养殖对象之一。

尼罗罗非鱼属鲈形目丽鱼科罗非鱼属，也叫"非洲鲫鱼""罗非鱼"，为纪念 1946 年最早将罗非鱼从国外引进台湾的吴振辉、郭启鄣两人，也称之为"吴郭鱼"。该鱼体侧扁，体长呈卵圆形，幼鱼体侧有 9～10 条黑色的横带，横带随着鱼体的长大变得不太明显，背鳍鳍条部有若干条由大斑块组成的斜向带纹，鳍棘部的鳍膜上有与鳍棘平行的灰黑色斑条，长短不一。

尼罗罗非鱼（引自施军、王大鹏《广西外来水生生物识别图鉴》）

尼罗罗非鱼不挑食，水草、浮游动物、底栖动物、本地鱼的卵或鱼苗都是它的食物，它甚至还能消化吸收微囊藻等难以消化的蓝绿藻。入乡随俗，尼罗罗非鱼随遇而安，它可以在河流、湖泊、水库、池塘、稻田，甚至沟渠等淡水水域的中下层生活，也能在低盐度海水里逍遥自在。

在广西，奥利亚罗非鱼和红罗非鱼也是人们喜欢养殖的品种，它们的生活习性和尼罗罗非鱼差不多。

奥利亚罗非鱼是鲈形目丽鱼科罗非鱼属中耐寒力最强的一种，由广西水产科学研究院 2003 年从中国水产科学研究院淡水渔业研究中心引进广西。

奥利亚罗非鱼有"金色罗非鱼""蓝罗非鱼""紫金彩鲷"的美称。它的身体青紫色带有金色光彩，鳞片

奥利亚罗非鱼（引自施军、王大鹏《广西外来水生生物识别图鉴》）

中央的色素比四周深，使体侧形成多条纵向排列的点线条纹，背鳍、臀鳍呈暗紫色，有素色斑点。这么漂亮的鱼儿，如果舍不得把它作为美食，当观赏鱼来养也是蛮不错的呢！但要比漂亮，红罗非鱼可能要更胜一筹。

红罗非鱼体形与尼罗罗非鱼差不多，是红色突变体的莫桑比克罗非鱼与尼罗罗非鱼的后代，由广西水产引育种中心于2005年从海南引进并繁育成功。它体色艳丽又多样，有桃红色、橘红色、粉红色、橘黄色等，像

红罗非鱼（引自施军、王大鹏《广西外来水生生物识别图鉴》）

多面女郎，又像天上的彩虹色彩缤纷，于是人们又叫它"彩虹鲷"。

雄鱼用嘴筑窝，雌鱼口孵鱼卵

尼罗罗非鱼不看重"吃"和"住"，但对于繁衍下一代，它们可丝毫不会马虎。

为了能够顺利当上爸爸，雄性尼罗罗非鱼首先会不遗余力地建造自己的"新房"。它们建房的方式很特别，那就是用嘴巴把水底的泥巴吸走，吐到别的地方去，或者用嘴巴不断地对着泥巴吹。经过一番不懈努力，在水底的泥地里建出一个形如大碗的新家。有的懒鱼想要不劳而获抢占别人的新房，房主人就会勇敢地把这种无赖驱逐出去。

在广西，4月水温已经达到20℃以上。雄性尼罗罗非鱼建好了新房，雌鱼就开始入窝产卵了。雌性尼罗罗非鱼堪称模范妈妈，它把受精卵含在嘴里，这样就能保证卵宝宝不会被水流冲走，更不用担心会被别的生物吃掉。3天后，鱼宝宝孵化出来，鱼妈妈终于可以歇一下吃点东西补补身体。可是刚孵出来的鱼宝宝还很稚嫩，缺乏独立生活的能力，还得鱼妈妈继续操心。它们每天要游在鱼妈妈的头部周围，鱼妈妈时刻严密观察周围的动静，一有风吹草动马上又把鱼宝宝含到嘴里。

有妈的孩子是块宝，尼罗罗非鱼妈妈的嘴就是鱼宝宝们爱的天堂。鱼妈妈含辛茹苦，换来鱼宝宝们的平安成长，这个艰辛的过程大概要持续一个星期，直到鱼宝宝有能力去开创属于自己的新天地。

据资料记载，每年从4月开始，雌性尼罗罗非鱼要产卵4～5次，每次产卵量根据雌鱼体形大小而定，因为受精不成功等一些客观原因，只有40%～60%的卵粒能孵化成鱼苗。如体重200克的雌鱼，一般吐苗约500尾；体重600克的雌鱼，吐苗2000～2500尾。真是佩服鱼妈妈，数量这么庞大的鱼宝宝，它小小的嘴居然能装得下。

为母则刚，淡淡的水里有浓浓的母爱，可怜天下父母心！

谨防逃逸野外，危害自然物种

罗非鱼美味又营养，丰富了人类的食谱。但是有些罗非鱼在养殖过程中逃逸，在广西各个流域已经形成优势种群，吃掉本地鱼的卵和鱼苗，抢食土著鱼类及其他生物的口粮，挤占生存空间，造成本地鱼类减少甚至消亡，危害物种多样性。2014年，尼罗罗非鱼因此被环境保护部、中国科学院列入《中国外来入侵物种名单（第三批）》。

也许有人不解，野生的不是更好吃吗？很多野生的东西卖得更贵呢！平时那么多人喜欢吃野味，为什么不叫他们把这些逃逸的罗非鱼抓来通通吃掉，这样问题不就解决了吗？人工养殖的罗非鱼每天有专人投喂，它们吃好喝好心情好，肉质自然好吃。在自然水域里生长的罗非鱼个子小肉也少，还有一股难闻的土腥味，味道很不好呢!

为了让罗非鱼们好好服务人类,不搞破坏,在养殖过程中要注意做好防护,谨防那些不安守本分的家伙们逃到野外。另外也不要随意放生罗非鱼,善心没有错,但也要注意不能把善心用错地方哦!

齐氏罗非鱼:个体小危害大

在罗非鱼家族中,最让人讨厌,也最令人头疼的家伙就是齐氏罗非鱼,别称"红腹罗非鱼""吉利非鲫"。

齐氏罗非鱼于1978年引进我国进行饲养。它身上有与斑马一样的条纹,看似挺特别的,但中看不中用,人们发现这个罗非鱼品种生长速度很慢,个体也很小,养殖业很快就把它从养殖名单中淘汰掉了。被淘汰掉的齐氏罗非鱼凭着超强的适应能力和繁殖能力,很快在自

齐氏罗非鱼(施军 摄)

然水域中独霸一方。它们不仅抢食抢地盘，还大肆咬食水草，对水生植物和水生生态系统造成巨大破坏。

　　齐氏罗非鱼是目前我国危害最大的罗非鱼品种，2022 年被列入农业农村部等六部门发布的《重点管理外来入侵物种名录》。美丽的外表下不一定有一颗善良的心，大家可不要被齐氏罗非鱼给蒙蔽了眼睛。

清道夫：治理污染大功臣，
　　野外泛滥成祸害

　　环保功臣，还是逆臣贼子？豹纹翼甲鲶曾因具有清洁水中鱼类粪便、腐殖质等特异功能，被冠以"清道夫"的美名而备受人们追捧。可当它在野外水域野蛮生长时，就只落得个"垃圾鱼"的名称，遭人唾弃。

豹纹翼甲鲶（施军　摄）

外形酷似飞机，作为观赏鱼引进

说起豹纹翼甲鲶，或许很多人都会一脸蒙，不知其为何物。但如果说起它的俗名——清道夫，大家一定会恍然大悟："哦，原来是它啊！"

豹纹翼甲鲶的老家在遥远的亚马孙河流域，它的身体呈半圆筒形，背鳍宽大，尾鳍呈半月形，整体看起来酷似飞机，又浑身布满黑白相间的花纹。20 世纪 90 年代被当作观赏鱼引入广西，因外形特异受到人们的喜爱。人们根据它的外形称其为"飞机鱼""琵琶鱼"。

但真正让豹纹翼甲鲶走红的不是它独特的外表，而是它"身怀绝技"——可以依托身上的吸盘把自己吸附在鱼缸壁上，然后把缸壁上的青苔、缸底的鱼类粪便和食物残渣通通装进肚子消化掉，让鱼缸中的水保持澄澈。

喜欢养鱼的人们都知道，虽然鱼缸中鱼儿漂亮活泼惹人喜爱，但清理鱼缸着实是一件令人头疼的麻烦事。有了豹纹翼甲鲶的帮忙，这个困扰养鱼人的烦恼瞬间迎刃而解，于是"清道夫"的美名不胫而走。很多人或许没见过豹纹翼甲鲶，但对清道夫的大名却是早有耳闻。

"环保功臣"包藏祸心，清道夫沦为"垃圾鱼"

有的清道夫是被弃养后被人出于善心放生到自然水域，有的是在养殖过程中逃逸，清道夫逐渐在野外水域中建立起自己的族群，并且凭借顽强的生命力不断扩大种群规模。此外，因为清道夫可以清理水中的残渣、刮食藻类，人们还曾把它们放流到水质差的水域，以期起到治理水污染的作用。作为天然的清洁工，清道夫确实没有令人失望。它们开动强大的肠胃功能，所向披靡地清理水域里丰富的腐殖质、残渣和疯长的藻类，成为令人称道的"环保功臣"。但万万没想到的是，清道夫还是把"双刃剑"，当初只是单纯地想让它们帮助治理水污染，没想到却是无意中打开了"潘多拉魔盒"，情况开始失控。

污染水域污浊不堪，氧气稀薄，令一众生物望而生畏，不敢涉足，但那里却是清道夫的"天堂"。在食物丰盛、养分充足的污染水域，耐低氧能力强的清道夫逍遥自在地生儿育女，种族逐渐繁荣兴旺。慢慢地，清道夫包藏的祸心开始一点点暴露。

首先，清道夫表皮粗糙有盾鳞，遇到天敌时会把坚硬的胸鳍张开，让天敌无从下口。仗着自己"无鱼能敌"，胃口极好的清道夫如一个个百毒不侵的饕餮，所到之处风卷残云。水中的残渣、藻类、鱼卵、鱼苗……凡是能入口的东西都被强势的清道夫塞到胃里去，其他鱼类根本不是它们的对手，处境岌岌可危。其次，清道夫不是在水里产卵，而是把几百枚卵产到岸边的洞中。为了给雌鱼准备"产房"，雄性清道夫会在繁殖季节到堤岸边挖洞筑巢，这使堤坝容易在大雨中损毁。卵产出来后一直到孵出鱼苗，清道夫都会细心呵护。在亲鱼的保护下，一批接着一批小清道夫苗壮成长，野外水域渐渐变成它们的天下。

除了清道夫，豹纹翼甲鲶还有一个俗称叫"垃圾鱼"，一是因为它以鱼类的粪便、残渣等为食而得名；二是这种鱼在野外数量庞大，渔民们捕获的渔获物里有相当一部分是清道夫，它们不能吃也卖不掉，只能像垃圾一样扔掉。

豹纹翼甲鲶还有一个同族兄弟——野翼甲鲶也叫"清道夫"，它们的体形基本相同，但野翼甲鲶腹部的花纹不是斑点状，而是像蠕虫一样的条状。野翼甲鲶怕光，白天闷声不响悄悄隐蔽，晚上才出来活动，十分狡猾。

清道夫在野外水域野蛮生长，破坏水生生态系统，严重威胁土著鱼类的生存。2014年，环境保护部、中国科学院将它列入了《中国外来入侵物种名单（第三批）》；2022年被列入农业农村部等六部门发布的《重点管理外来入侵物种名录》，对其进行严加管控。

清道夫让人又爱又恨，喜欢把它作为宠物鱼饲养的朋友们可要记住了，其已经被列入外来入侵物种黑名单，如果不想饲养了，就要对其进行妥善处理，千万不能心慈手软把它放流到自然水域里。

野翼甲鲶（施军　摄）

食蚊鱼：既是灭蚊能手，也是生态杀手

食蚊鱼曾是受许多国家和地区追捧的"灭蚊能手"，但也因其凶狠的习性被人们列入"黑名单"。它恶性难改，最终落得个人人喊打的结局。

擅长捕食孑孓，曾经立下功劳

在夏天，大家最讨厌的是什么呢？我想，排在前面的应该是蚊子了。正在睡觉的时候，耳边蚊子"嗡嗡嗡"的叫声让人心烦意乱，恨不得一巴掌拍死它。蚊子除了吸人血液，让人瘙痒难耐，还会传播登革热、疟疾、黄热病等疾病。

如今，我们可以通过点蚊香、用电蚊拍、喷灭蚊药等五花八门的办法轻松对付可恶的蚊子。可是在科技不够发达的年代，人们只能默默期盼：如果能找到一种蚊子的克星就好了！

实际上，有一种蚊子的克星很早以前就被人们找到并利用起来了，那就是原产于美国的食蚊鱼。光从名字去理解，就知道这种鱼肯定是灭蚊高手了。食蚊鱼因为这项特殊才能，被很多国家和地区请去帮忙灭杀蚊子，

食蚊鱼（引自施军、王大鹏《广西外来水生生物识别图鉴》）

其中就包括中国。至于食蚊鱼什么时候来到广西的，就不得而知了。

食蚊鱼属鳉形目胎鳉科食蚊鱼属，体长形，略侧扁，头小而尖。成鱼最大长约5厘米，雌鱼怀孕时肚子又大又圆，活像里面塞了一个小西瓜，因此也叫"大肚仔"。雄鱼个头细小，大概只有雌鱼的一半。这么悬殊的体形，有的人很容易误认为小的那尾是食蚊鱼妈妈的孩子。

食蚊鱼个头实在太小，如果生活在水流湍急的河流或者大江大河里，非得被冲得灰飞烟灭不可，于是聪明的它们选择了池塘、水库、沼泽、沟渠等水流比较轻缓的地方作为栖息地。只要水流不急，哪里都是它们的家，随遇而安的食蚊鱼成群结队，聚集在水面上玩耍、觅食。

食蚊鱼生活在水里，而蚊子是飞在空中的，难道食蚊鱼能像跳高运动员一样，有厉害的弹跳功夫，可以跳到空中去捕食蚊子吗？那倒不是。确实蚊子有翅能飞，但别忘了它们的卵是产在水里的。蚊子的幼虫叫孑孓，要在水面上生活一段时间后才能长出翅膀飞上天空。据统计，一尾食蚊鱼一天能够消灭 2000 只孑孓，堪称"蚊子杀手"。

1925 年，苏联的索契也引进食蚊鱼来对付泛滥的蚊子。食蚊鱼果然不负众望，很快让索契的蚊子急剧减少，轻松解决了那里的人们为之头疼的大问题，成为人们眼中的"灭蚊英雄"。为了纪念食蚊鱼为索契这座城市做出的突出贡献，那里的人们专门为它建了一座雕塑。一尾鱼能够让人们对它顶礼膜拜，这在鱼界中也算是无上荣光了。

繁殖快、性情凶狠的"水中恶霸"

食蚊鱼"鱼如其名"，确确实实是灭蚊的能手。可人们日渐发现食蚊鱼并非那么简单，它们小小的身体里藏着大大的野心：要一家独大，在自然水域里称王称霸。

一天就能吃掉 2000 只孑孓，个头只有 5 厘米大小的食蚊鱼可谓是鱼界中的"大胃王"。它一天当中最重要的事情就是吃，吃就是其最大的乐事。如果它们只是单纯地吃孑孓，那可是成了我们人类的"活菩萨"，问题是食蚊鱼不但贪吃而且贪心，孑孓只是它们的食物之一而已。

食蚊鱼虽然个头小，但繁殖能力却异常厉害。一尾成年雌鱼一年能够繁殖 3 ～ 7 次，每次产小鱼 30 ～ 50 尾。这样算来，一尾成年雌性食蚊鱼一年就能够生出200 ～ 300 尾小食蚊鱼。你没听错，一般的鱼都是从鱼卵孵化成小鱼的，食蚊鱼却是卵胎生鱼类，它不产卵，幼鱼都是一尾一尾地直接从鱼妈妈的肚子里钻出来的，而且一入水即可独立觅食，一点儿都不用鱼妈妈操心。一个月之后，这些出生的小食蚊鱼就长大了。这样神速的一代接着一代，水域里的食蚊鱼越来越多，光是解决这一大家子吃饭都是一个大问题。

食蚊鱼的幼仔还好，只捕食轮虫和纤毛虫。长大后除了藻类，还能吃鱼卵、小鱼、小虾等。不仅吃个头比自己小的，个头比自己大的，也要啃上几口。要是实在饿得慌又找不到可以入口的，它们还会自相残杀。

食蚊鱼胃口大，可以吃掉占自己体重 42% ~ 167% 的食物。研究人员曾经在一尾体长 2.41 厘米的雌性食蚊鱼消化道内发现了 3 尾体长为 5.67 ~ 6.68 厘米的罗非鱼仔鱼。这是什么概念？食蚊鱼胆敢捕食个头比它大得多的仔鱼呀，简直是"鱼胆包天"，为了吃真是拼了！而这些仔鱼的战斗力相比于食蚊鱼来说真是太弱了，明明个头比食蚊鱼大那么多，却也只能沦落为食蚊鱼的"盘中餐"。命运实在是太过于悲惨。

食蚊鱼仗着自己家族庞大，组成了一张会移动的黑网，把整个水域变成它们的天下。与食蚊鱼生活在同一水域里的小鱼小虾们可就惨了，它们从此暗无天日，生活在水深火热之中。生活在云南澜沧江流域的青鳉种群就是这样被食蚊鱼吃光了。被食蚊鱼啃过的大鱼也容易因为感染病菌而死亡。看似面善的食蚊鱼变成了水族们见之色变的"水中恶魔"，人们对它恨之入骨却又无可奈何。

有人说，把食蚊鱼交给吃货们去解决不就行了吗？我国有那么多吃货。红烧、香煎、油炸、麻辣水煮……

把它们像小龙虾一样消灭掉。小小食蚊鱼，我们怎么就拿它无可奈何呢？拿吃这一计来对付食蚊鱼还真是行不通。食蚊鱼肉少刺多，口感很不好。最重要的一点是食蚊鱼吃很多蚊子的幼虫，身上也带有致病细菌。如果人吃了食蚊鱼，会很容易引病上身，所以还是不吃为妙。

贪吃成性的食蚊鱼作为全球最严重的100种外来入侵物种之一，2016年12月被环境保护部、中国科学院列入《中国自然生态系统外来入侵物种名单（第四批）》。

请神容易送神难，目前还没有可以对付食蚊鱼的好办法。但愿在不久的将来，人们能找到良方，好好治一治食蚊鱼这帮无法无天的"水中恶霸"，还水中精灵们一个无忧无虑、可以快乐成长的家园。

牛蛙：舌尖上的美食，泛滥也会成灾

人不可貌相，这句话套在牛蛙身上同样适用。牛蛙颜值不高，但肉质鲜美，征服了人们的味蕾。如果管理不当，牛蛙也会危害生物多样性。

全身皆可利用，味美受人欢迎

牛蛙属两栖纲无尾目蛙科蛙属，表皮粗糙，褐色的背部有黑色斑点，白色的腹部有淡灰色的斑纹，前肢短小，后肢肥大，弹跳力不是很强，因为鸣叫声酷似牛

牛蛙（引自施军、王大鹏《广西外来水生生物识别图鉴》）

叫声而得名。看到这，你是不是会想，一只蛙的叫声能像牛叫声那么响亮，那这蛙个头得多大啊！其实牛蛙的体形与一般青蛙差不多，但个头比青蛙大，最大能达到500克。

干锅牛蛙、泡椒牛蛙、红烧牛蛙、紫苏牛蛙……养殖户们引进广西进行饲养的牛蛙，被制成花样繁多的美食，深得人们的喜爱。它的养殖、加工让许多人的工作有了着落，也让许多人实现了致富的梦想。

牛蛙的皮还能制成皮鞋、挎包，蛙油可制作成高级润滑油，提取的胆汁可加工制药，牛蛙可谓全身都是宝。

干锅牛蛙

作为国礼赠送，辗转来到中国

牛蛙的家乡并不在中国，而是在北美洲落基山脉、加拿大等地。最初来到中国并被饲养成功的那批牛蛙不是来自北美洲，而是来自古巴。这是怎么回事？牛蛙是如何与中国结缘，如何从遥远的异国他乡漂洋过海来到中国，在中国安家落户的呢？这中间还流传着一段佳话。

1960 年 9 月，古巴成为西半球首个与中国建交的国家。此后，两个国家在文化、科技、农业等领域达成了许多友好的合作。彼时，牛蛙产业在古巴已经有 50 多年的历史，成为古巴继蔗糖、雪茄之后的另一个经济支柱产业。

古巴领导人卡斯特罗到中国驻古巴大使馆拜访。其间，当时的驻古巴大使向卡斯特罗提出能否卖一些牛蛙给中国进行试养，没想到这位领导人当即慷慨表示"完全可以"，而且不用买，免费赠送就是了。

为了让这批经过精挑细选的种蛙从西半球安全抵达我国，我国选派了专业的技术人员到古巴进行接洽，并学习牛蛙养殖技术。由于受到西方国家的封锁，古巴对外交通不是很顺畅。我国派出的技术人员携带着这些装在运输箱里的种蛙，乘坐飞机辗转多个地方，一直到第五天才将这些宝贝送达北京。

虽然在此之前，我国就已经有人从美国、日本引入牛蛙进行饲养，但最终都没有成功。被当作国礼赠送给中国，代表着中古两国友谊的这批牛蛙，我国自然是把它们当作得之不易的宝贝，一下飞机就赶紧护送到广州、南京、上海的水产院校和水产养殖试验场由专人进行饲养。

然而好事多磨。因为各种各样的历史原因，技术人员历尽艰辛从古巴带回来的这批牛蛙不得不流放野外。一直到 20 世纪 80 年代，一次机缘巧合，已经销声匿迹十余年，早已经被人们遗忘的牛蛙才又重新出现。它们的出现，重新唤起了人们对当年牛蛙外交的美好回忆。此后，科研人员经过多年的不懈努力，终于成功掌握了牛蛙的人工养殖技术。1990 年以后，牛蛙终于得以在全国广泛推广和饲养。牛蛙从此走上了餐桌，并在制药等领域发挥独特的作用。

让人又爱又恨，必须严加管控

牛蛙肉质细嫩鲜美，受人青睐，它的皮、油等又可以开发利用。牛蛙是个宝，人工饲养也没有问题，问题就出在那些在饲养过程中逃逸，或者通过人为放生等途径流落到野外的牛蛙身上。这些家伙摆脱了人类的束缚之后，肆无忌惮地在湖泊、沟渠、池塘等水域安营扎寨。它们的嘴巴大，胃口大，胆子也大，最爱吃活的动物。牛蛙吃苍蝇、蚊虫、蛇、老鼠，甚至连张牙舞爪的小龙虾也照吃不误，真是太可怕了！这些霸道的牛蛙不但把土著青蛙和其他本地原生水生动物的口粮都快抢光了，而且还以大欺小，对比它们个头小的青蛙等动物下手，遇到什么吃什么，它们的胃就像个无底洞，永远也填不满。缺乏对手的牛蛙俨然成了野外霸主，无人能敌，好些原生物种在它们持续的欺凌和压迫下变得岌岌可危，甚至走向灭绝。

2003 年，牛蛙国家环境保护总局、中国科学院列入《中国第一批外来入侵物种名单》；2012 年被农业部列入《国家重点管理外来入侵物种名录（第一批）》；

2022年被列入农业农村部等六部门发布的《重点管理外来入侵物种名录》。

原本个头就大的牛蛙繁衍后代的能力也超强,一只成年雌蛙一年可产卵2~3次,每次产卵少的1万粒,多的几万粒。虽然幼蛙适应环境的能力比较差,但是由于卵粒数量庞大,成活的数量可不容小觑。牛蛙身上还携带着一种名为蛙壶菌的真菌,这种真菌会导致其入侵范围内的两栖动物种群数量减少,甚至灭绝。

设想一下,如果不严加管控,美丽的大自然是不是迟早有一天会成为牛蛙家族的天下?它们一家独大,称王称霸,那样将会对野外的原生两栖动物物种造成无法想象的严重后果。

牛蛙在野外栖息的环境也生活着种类繁多的原生物种,如果用药喷杀牛蛙,不仅会误伤无辜,杀敌一千自损八百,而且也会造成水土污染。唯有从饲养源头加强管理,防止逃逸才是解决问题之道。如牛蛙种群已经在野外形成入侵态势的,则要由专业人员采取特定措施,开展持续性的控制和灭杀。

牛蛙养殖是一把"双刃剑",让人又爱又恨。但只要我们在合理利用的基础上做好管控,使它像孙悟空逃不出如来佛祖的手掌心一样,也逃不出我们的手掌心,那它依然是能够为我们的幸福生活添彩的宝贝。

小龙虾：网红爆款美食，
爱打洞有危害

浑身披着硬硬的"铠甲"，举着一双耀武扬威的大"钳子"，小龙虾以为它很吓人，可万万没想到即使已经全副武装，依然逃不过被制成美食的命运。

当作饲料引进，翻身变成美食

说到小龙虾，大家肯定不会陌生，它们是近年备受人们追捧的网红美食。麻辣小龙虾、酱爆小龙虾、油焖小龙虾……不管是哪一款，总有一款让你欲罢不能。

让人垂涎欲滴的麻辣小龙虾

克氏原螯虾（引自施军、王大鹏《广西外来水生生物识别图鉴》）

　　小龙虾学名克氏原螯虾，一身暗红色的厚甲壳像威风凛凛的战袍。头上有 3 对触须，第一对又粗又长，像孙悟空头上凤翅紫金冠的那两根翎子，更增添了它几分威武的气势。此外，小龙虾还有 1 对发达的狭长螯足，配上它大大的头，天生自带一副凛然不可侵犯的气势，仿佛在说："你敢动我一下试试看，我的螯足可不是吃素的！"

　　小龙虾尾部 5 片酌尾扇像一把打开的小小扇子，看着挺精致漂亮，不过那可不是用来显摆的。母虾在抱卵期和孵化期，尾扇均向内弯曲，以保护受精卵或使幼虾免受伤害。母爱没有界限，为了保护后代，小龙虾可真是煞费苦心呀！小龙虾的繁殖能力特别强，再加上母虾的得力保护，小虾苗们无忧无虑地成长，龙虾家族想不兴旺都难。

　　光看外表，小龙虾活像威猛的水中斗士。不过一物降一物，遇到了天生一副大嘴巴的牛蛙，小龙虾也只能坐以待毙。小龙虾原产于美国南部，喜欢栖息在水流较浅的溪流、水草丰茂的沼泽、湿地、河沟等，不爱阳光爱月光，喜欢昼伏夜出。1918 年日本从美国引进小龙虾。1929 年小龙虾被当作养殖饲料从日本引入我国南京。

人们爱吃的美味小龙虾开始时居然是一种饲料，这一定让你大跌眼镜吧？不过事实确实如此。至于它是如何翻身变成爆款美食的，据说是有一天，一位大厨闲来无事，就想着试试看能不能把人们看不上眼的小龙虾制作成美食。说干就干，烹饪经验丰富的大厨很快做出了一盘麻辣小龙虾，没想到居然大受食客们的欢迎。自此，小龙虾的身份和地位扶摇直上，摇身一变从原来作为动物的饲料变成了人类口中的美食，迅速风靡全国各地。

从 2016 年起，广西也逐渐兴起小龙虾养殖，目前南宁、柳州、来宾、百色、河池、贵港等地都有养殖场。莲藕塘套养小龙虾、富硒小龙虾、错季上市小龙虾……广西的小龙虾养殖产业风生水起，不仅让本地的人们实现了小龙虾自由，鲜活肥美的小龙虾还远销上海、广州等地，为养殖户们换来了源源不断的钞票。2023 年 3 月，广西在桂平市兴建的第一个小龙虾专业交易市场开张试营业，这是养殖和销售小龙虾人的福音。

小龙虾除了可以制作成美食，它的壳也可用于生产甲壳素、氨基酸、活性钙、蛋白质、虾青素等深加工产品。

打洞危害堤坝，需要严加防范

虽然小龙虾的价值很大，但是它也并非十全十美，甚至还干了不少坏事。

这首先要从小龙虾的食谱说起。小龙虾不但喜欢吃水草和藻类，也喜欢捕食小鱼、小虾和浮游生物。养殖场里饲养的小龙虾有专人投喂小鱼、浸泡过的黄豆和花生等，自然是不愁吃。但是逃逸到野生水域里的小龙虾却化身"小恶霸"，和小鱼、小虾等水生生物争抢食物，甚至把它们消灭掉。小鱼小虾肯定不是小龙虾的对手，打不过也逃不掉，只有等着被小龙虾吃掉的份儿了。此外，小龙虾还会用它锋利的螯足掐断莲藕、水稻的嫩茎，破坏农业生产。

要说小龙虾干的坏事，最让人头疼的是它会打洞，而且特别爱打洞。这是因为洞穴是它的"家"，小龙虾要在洞里休息、繁殖。别看成年的小龙虾体长只有 5 ～ 12 厘米，但是它挖出的土洞深度可达 0.5 ～ 1 米，甚至更深。哇，它简直是打洞狂魔呀！

小龙虾在水田里打洞，水田里的水流走了，稻苗会枯死；在塘壁上打洞，池塘里的水流走了，会影响养殖的其他鱼类生长；最可怕的是小龙虾在山塘、水库堤坝上打洞，如果不及时发现、修复，则可能在暴雨或者山洪来袭时，造成堤坝垮塌，威胁到人们的生命和财产。

虽然小龙虾美味，可它的危害也着实不小！但直到目前为止，人们还拿爱打洞的小龙虾没办法。总有那么一些"漏网之虾"逃到野外水域，虾族一天天繁衍壮大，其破坏力和危害性不容小觑。

2006 年，广西水产科学研究院在漓江进行渔业资源调查时发现，渔民在放虾笼捕捞的虾类中，全是个子小的小龙虾。小龙虾在漓江大量繁殖已经对土著虾类造成了极大威胁。2010 年，小龙虾被列入环境保护部、中国科学院颁布的《中国第二批外来入侵物种名单》。

那如何才能够让小龙虾只做好事不干坏事呢？目前唯有做好养殖管理，不让养殖场里的小龙虾逃逸，以及不随意放生这两个办法相对较好。

广西创新驱动发展专项项目小龙虾稻田综合种养模式示范基地，可实现一年养殖三季小龙虾，种植一季水稻，年亩产小龙虾 200 千克以上（引自施军、王大鹏《小龙虾养殖致富图解》）

后记

　　广西的青山绿水孕育了勤劳智慧的八桂儿女，也孕育了神奇的自然万物。其中有一群多姿多彩的水中精灵，如唯一淡水软骨鱼——赤魟、能产天然珍珠的佛耳丽蚌、艳丽多彩的唐鱼、会哇哇叫的娃娃鱼……它们有的是我们生活的参与者，有的是生活在高山水域或深潭里难得一见的神秘生灵，还有的是已经湮没在历史长河的水中瑰宝。

　　秉持科学、严谨的态度，我们在撰写这本《水中精灵》时，广泛查阅了相关书籍和资料。在此感谢为这本书的创作提供了大力支持的广西水产科学研究院、广西图书馆科学研究中心、上思县图书馆，也感谢所有为保护广西如此优美的自然生态付出不懈努力的人们！

　　水是生命之源，而活跃在山涧流水、奔腾江河、静谧深潭的水中精灵，则为水域增添了无限的灵动与活力。它们和我们一样，都是大自然不可缺失的一分子。《水中精灵》的出版，旨在让更多的人了解这些水中精灵，更好地掌握与自然和谐相处之道。

　　让我们一起走近这些有趣的水中精灵，去探索大自然的神奇魅力！

磨金梅　施　军

2023 年 6 月